二两诗词 三两心药

古代文人的26张情绪处方

魏祎 —— 著

图书在版编目（CIP）数据

二两诗词，三两心药：古代文人的26张情绪处方 / 魏祎著. -- 重庆：重庆出版社, 2025. 1. -- ISBN 978-7-229-19188-7

Ⅰ. B842.6-49

中国国家版本馆CIP数据核字第2024MD3556号

二两诗词，三两心药：古代文人的26张情绪处方
ERLIANG SHICI, SANLINAG XINYAO: GUDAI WENREN DE 26 ZHANG QINGXU CHUFANG

魏祎 著

| 出　品：华章同人
| 出版监制：徐宪江　连　果
| 责任编辑：王晓芹
| 责任校对：朱　姝
| 营销编辑：史青苗　冯思佳
| 责任印制：梁善池
| 装帧设计：刘沂鑫
| 插图绘制：鲁　妮　刘沂鑫
| 特约策划：华文未来

重庆出版集团
重庆出版社　出版

（重庆市南岸区南滨路162号1幢）
北京华联印刷有限公司　印刷
重庆出版集团图书发行有限公司　发行
邮购电话：010-85869375
全国新华书店经销

开本：880mm×1230mm　1/32　印张：6.25　字数：117千
2025年1月第1版　2025年1月第1次印刷
定价：52.00元

如有印装质量问题，请致电023-61520678

版权所有，侵权必究

二两诗词 三两心药

(唐) 李白

(东晋) 陶渊明

(宋) 苏东坡

(宋) 辛弃疾

(唐) 白居易

(宋) 柳永

(宋) 李清照

(唐) 杜甫

(清) 纳兰性德

(唐) 孟浩然

(唐) 李商隐

(唐) 王维

(唐) 刘禹锡

目 录

第一辑 学会爱自己才能更好地生活

· 003 ·
李白
一生少年大唐仙,万难只随酒入喉

· 018 ·
苏东坡
旷达一世,把酒问天富经纶

· 035 ·
白居易
与光同尘,福祸茫茫未可知

第二辑 美好的爱需要用心经营

·051·
李清照
千古明月,自是花中第一流

·065·
纳兰性德
泪雨霖铃总深情,国初词手第一人

·075·
李商隐
生死相许,此情可待成追忆

第三辑　世界纷纷扰扰 只留美好在心间

·087·
王维
禅意诗佛，江南清冷俏公子

·102·
刘禹锡
百折不挠，雾尽披天总乐观

·116·
陶渊明
明彻达观，隐世独立自清香

第四辑 培养情绪的张力 才能贴近幸福

辛弃疾
一代英豪,金戈铁马冠三军 ·131·

柳永
万花丛中咏歌赋,文采风流垂千古 ·148·

杜甫
忧国忧民,何用浮名伴此生 ·162·

孟浩然
恣意任性,山水田园几经转 ·181·

第一辑

学会爱自己，
才能更好地生活

李白
苏东坡
白居易

李白

一生少年大唐仙，
万难只随酒入喉

情绪需要出口，
诗仙释放情绪也有自己的帮手

关于李白，流传着数不清的故事。有这样一个传说，李白之母在生李白时，梦到太白金星落入自己的腹中，所以给他起名"李白"，字太白。或许是真的得到了上天的垂青，李白"五岁诵六甲，十岁观百家"。

唐朝有许多诗人都出生在官宦之家，祖上大多几代为官。李白却不然，他出生于商贾之家。当时重农轻商，有明确规定"商人子弟，不得于士"。因此，李白空有兼济天下的抱负，却没有考科举的机会。当时，拜谒名流入其门下也是一条为官之路，这让李白觉得自己未来的仕途仍旧光明璀璨。

李白在四川度过了童年时代。众人都觉得他"绣口一吐，气象万千"的才气是与生俱来的，但这令人钦羡的才华背后，其实是他无数个日夜的勤学苦读。李白生性豪放不羁、潇洒随意，但其实他从小就有很强的目标和志向。他十几岁时就立志要做一个大官，并没有因为自己出身商贾就放弃读书，而是在戴天山大明寺里静心学习。

此番静心苦读后，李白在文学上的造诣大有提升。读书之余，他还在大匡山中寻仙访道。后来，读书写诗和寻仙问道也成为李白一生的追求与热爱。唐朝时道教盛行，李白从小便热爱道教文化，十分钦羡那些传说中的得道高人，幻想自己有一天也能羽化登仙。

二十四岁时，李白决定游历山川。此时，同样年仅二十多岁的王维已经在长安城中声名大噪，但李白的一生都有自己的步伐和节奏，他从未羡慕过他人，也从未效仿过他人。据载，李白一生游历过二百零六个州县，登过八十多座山。在交通匮乏的古代，李白几乎行了万里路，足迹遍布大半个中国。这些脚印拓宽了他的诗路，也开阔了他的眼界。

李白在湖北江陵时，遇到了修道大师司马承祯。司马承祯深受唐玄宗器重，玄宗甚至多次将他接到皇宫中论道。能结识司马承祯，李白欣喜万分。

尽管此时的李白才二十多岁，司马承祯却评价他"有仙风道骨，可与神游八极之表"。李白更是诗兴大发，写出了"大鹏一日同风起，扶摇直上九万里"这样豪气万丈的诗句。

在那一刻，二十多岁的年轻人，志向简直攀到了顶峰，幻想自己有朝一日也能同大鹏一般，借风飞到九霄云外。

开元盛世年间，李白前往金陵拜访各路名士，希望有人赏识自己的才华与志向，将自己引入官场，匡时济世。李白因家底颇丰，据说曾在短短数月里花费了数十万两银子来喝酒作乐。只有如此挥金如土地放纵过，才能作出"天生我材必有用，千金散尽还复来"的"嚣张"诗作吧？

在金陵期间，李白写了许多干谒诗以求引荐，却都石沉大海。当时，为别人引荐需要负连带责任，因此要小心谨慎，求引之人也多半毕恭毕敬。而李白的干谒诗里不但没有阿谀奉承，字里行间还透露着嚣张自傲。很多人不喜李白这样高傲猖狂的性子，也担心他做官容易出事从而牵连自己，所以，尽管李白的文章才华出众，却迟迟没有人引荐他。

李白对此不以为意，仍旧终日饮酒作乐，结交好友。他坚信自己终能一展宏图，只是时间早晚问题。居住在金陵期间，他每天喝最好的酒，住最好的旅店，顿顿珍馐玉肴，家底很快就被挥霍得所剩无几。

此时，李白不得不消费降级，吃穿用度大不如前，且在后来的几十年里，他再也没有回过自己的家乡——绵州青莲。"床前明月光，疑是地上霜。举头望明月，低头思故乡"，万千思绪只得向一轮明月诉说。月升月落，世事无常，但李白对入仕做官的热忱没有丝毫改变。

后来，李白来到安州（今安陆），娶了故相的孙女许氏。此一时期，他又写了许多自荐信，希望能得到引荐机会，可依然没有回音。

心气高傲的李白百思不得其解，纳闷才华盖世的自己为何就无人赏识？每每想到这些，他便约上好友喝个酩酊大醉，来抒发心中愤慨。"何以解忧，唯有杜康。"纵观古今，无论文人还是侠客，总爱饮上几杯酒。但很多时候，无须应酬，大家为何还爱饮酒呢？其实很简单，因为饮酒能抒发感情。酒精会令人兴奋，也会麻痹神经。三杯两盏下肚，快乐会被放大，心中的苦闷也能被抒发。从古至今，酒杯为世人承载了太多的喜怒哀乐。

一转眼，李白二十七岁了，在仕途这条路上他依然踟蹰不前。这些年间，他基本上是以诗酒会友，其中就结识了比自己年长十几岁的孟浩然。李白十分崇拜孟浩然，两人很快成了挚友。

李白一生好友众多，杜甫、王维、岑参等著名文人皆是他的座上宾。李白热爱交友和聚会，大家都惊叹他鬼斧神工的诗作，也喜爱他豪迈不羁、浪漫洒脱的性格。尽管仕途渺茫，但能时常和友人吐露心中的愤懑，一起谈天说地，也让李白觉得自己的生活似乎没有那么糟糕。

在李白眼中，水是"飞流直下三千尺，疑是银河落九天"的壮阔，山是"天门中断楚江开，碧水东流至此回"的雄奇。这些诗句的背后，藏着李白无限辽阔的心境。

后世诸人皆羡慕李白，羡慕他年轻多金，也羡慕他才华绝伦。但他的出身让他失去了考科举的机会，他的才华背后是潜心多年的努力与苦读。穷极一生，他所追求的一直未能实现，却始终乐观逍遥，或许这才是我们应该羡慕和学习的？

与其说李白心态好，不如说他懂得如何释放情绪。难道这样一个才子多次干谒失败时，不沮丧吗？在名流中被当作笑柄时，不恼怒吗？千金散尽、衣食犯难时，不忧虑吗？

纵观李白的生平，我们不难看出，他很少将自己的情绪压抑在心中。情绪是一股无形而强大的力量，如同他笔下的江水，需要找到出口才能奔腾不息。李白深知情绪的力量，也明白其需要得到合理的引导与释放。每当心绪翻涌，无论是喜悦的浪潮还是忧伤的细流，他总能找到恰当的方式，为情绪找到一个又一个出口，让它们得以宣泄，得以转化。

诗歌成了李白情绪宣泄的主要渠道。无论是面对壮丽山河的豪情万丈，还是遭遇人生坎坷的悲愤交加，李白都能用诗歌将内心的情感淋漓尽致地表达出来。每一句诗都是李白内心情绪的真实表达，在这些诗句中，我们不仅可以感受到李白情感的波澜壮阔，更能体会到他那种超然物外、洒脱不羁的人生态度。

除了诗歌，酒也成了李白情绪调节的重要工具。在他看来，酒不仅仅是一种物质上的享受，更是一种精神上的寄托。他可以在醉眼蒙眬中忘却尘世的烦恼与束缚，让心灵得到片刻的宁静与解脱。酒也激发了他的创作灵感，让他创作出脍炙人口的佳作。

然而，李白并未将情绪的释放局限于诗歌与酒。他深知人际关系的力量，也懂得与朋友分享喜怒哀乐的重要性。因此，他广结天下英豪，与众多文人墨客建立了深厚的友谊。他们一起游历名山大川，共同探讨文学与人生的问题，彼此分享着内心的喜怒哀乐。在友情的温暖与关怀中，李白的情绪得到了更加全面的释放与调节。

美国的一项研究表明，经常压抑、隐忍负面情绪的人，身患癌症的概率会比时常表达情绪的人高出70%，且早死率也较高。人的内心就像是一个密闭的容器，外界环境和我们自己都会向其中灌注液体，这相当于压力，如果只进不出，日积月累，容器就会爆炸。人的情绪一旦被压抑得久了，最后通常会出现两种情况：一种是向外释放，严重时会表现出攻击他人的行为；另一种就是向内释放，表现为自责，严重时可能会出现自杀倾向。我们要时常关注自己的内心，看看它是不是快满了，是不是需要我们倾倒一下其中的"不良液体"。

对普通人来说,向家人、好友诉说烦恼,是排遣消极情绪最直接、有效的方式。但不是每个人的性格都像李白那样外向,能毫无顾忌地向身边的人吐露心声。有些人甚至觉得向他人吐槽烦心事会惹人厌烦,遭人看不起。但其实,只要在一个适宜的范围内,不给他人的生活造成太大困扰,你担心的一切都不会发生。

抒发不良情绪的核心,不在于能否得到反馈,而在于发泄的过程和动作。我们甚至可以不向任何一个具体的"人"诉说,而仅仅写在自己的日记或社交账号中,这些做法都有一定的效果。

当然,除此以外,还有许多方式能帮助我们清理内心的"不良液体",比如运动。运动能帮助我们的大脑释放内啡肽,从而让我们感到快乐。并且,去户外进行有氧运动不但让我们亲近了自然,还可以加速身体的新陈代谢,这无疑能让我们的身心都重新获得力量。

再比如美食。食物能直接影响我们的情绪,因为它们会影响神经递质的产生和大脑的工作方式。富含色氨酸的食物可以制造脑内的幸福激素——多巴胺的前体。所以,不开心的时候,就奖励自己大吃一顿吧。

你还可以选择唱歌或大哭一场。从医学的角度讲,哭是释放不良情绪的好方法。这并不是懦弱的体现,而是心理保健的有效措施。

无论采用哪种方式抒发情绪,我们都要记得,人生失意、情绪低落都是在所难免的。重要的是,我们要勇于面对,并能妥善处理。生活总有坎坷,但一切都会过去。而且,我们总要求自己做一个体面且严谨的成年人,要求自己保持情绪稳定,期望生活有条不紊,就像被上紧的发条,绷得太紧,难免会崩溃。我们要允许自己在工作之余放松身心,允许生活中出现一些小差错,也允许生活偶尔有一些肆意与荒诞的时刻。

相传,李白曾与好友在采石江畔赏月饮酒。彼时一片乌云飘来,遮住了那轮明月,李白情急之下竟纵身跳入江中,欲捞起水中之月,最终溺水而亡。还有传闻说,李白醉酒后误闯入一片墓地,待他次日酒醒,发觉自己身处陌生之地,四周一片荒寂。他怎么也寻不到出口,后来循着声音找去,在一座坟墓前看到了一个啼哭的女子。

这些荒诞之事,若发生在别人身上,或许会令人瞠目,但发生在李白身上,却毫无违和之感。李白自由不羁,活在当下,时常逾越规矩甚至出丑,可他却总能拥有快乐,令人羡慕不已。

其实,人活于世,诸多规矩与束缚都是我们自己以及固有观念所造成的。倘若想要获得真正的快乐，我们必须弄清楚自己的快乐源自何处，而不能盲目地遵循世俗的定义。

自信是远离焦虑的第一步

和李白同期的许多诗人早已位高权重、官运亨通，这让李白很是羡慕。当时隐居之风盛行，"隐士不到终南山，隐上千年无人管"，很多文人雅士因为隐居引起了皇帝的关注与器重。李白也决定去隐居。

李白满怀信心地来到了终南山。山间云雾缭绕、山色苍翠，至今都是许多求仙问道之人向往的佳地。李白在这里遇到了一位姓张的官员，他愿意把李白引荐给玉真公主。

玉真公主是唐睿宗李旦的第九女，也是唐玄宗李隆基同母的妹妹。她深受唐玄宗宠爱，且饱读诗书，酷爱文学与道法。当时许多文人雅士都希望自己的作品受到玉真公主的关注，从而被公主引入朝中做官。

李白也想抓住这个机会，来实现自己的做官梦，于是写了一首《玉真仙人词》，极尽文采来赞美公主。"弄电不辍手，行云本无踪。几时入少室，王母应相逢。"遗憾的是，此般仙气缥缈之作未能送到公主手中。原来玉真公主早已游于华山，很久未来过终南山的别馆了。但李白并不知晓此事。

李白一直在玉真公主的别馆中等待，可是过了一日又一日，都没看到公主的半点踪影。本来晴空万里的天气也逐渐整日间阴雨连绵。李白又开始终日饮起酒来。

雨季的山路极难行走，渐渐地，没有人上山给李白送吃食和衣物了。李白不仅酒壶空空，甚至开始食不果腹。无奈之下，他最终只得下山。

此后的数年里，李白一直在外游历，将名山大川、秀丽奇景尽收眼底。可他这满腔抱负依然无法实现。

但李白没有怀疑自己，也没有责怪命运的安排，他只是放声吟道："长风破浪会有时，直挂云帆济沧海。"在李白心中，似乎从来都不曾出现自己不好、不行之类的想法。李白是一个拥有超凡自信的诗人。他认可自己的才华，更笃定一定会有人赏识自己。

李白在外游历期间，是他的妻子为他提供了主要的经济支持。他没有因此觉得自己丢失了男人的尊严，反而更加渴望可以早日成功，给家人更好的生活与未来。岳父母过世后，李白带着妻女迁至山东济宁。此后他仍然经常游历在外，很少归家。

一转眼，李白已经四十多岁了。都说男子"三十而立，四十而不惑",但四十有余的李白,依然没有踏入官场。不过年纪并没有成为李白的顾虑,也没有让他感到焦虑,他的作品一如既往地充满了豪迈与潇洒之情。

人生的旅途本没有终点,直至死亡才算结束。只是世人的眼光与评价让我们的人生划分出了一个又一个年龄阶段,让我们时常焦虑、畏首畏尾。

女性要在差不多的年纪结婚生子,男性要在差不多的年纪成家立业。这不是法律的条款,也不是道德的约束,只是众人大多如此,不这样生活,会被旁人耻笑、议论。但世间万物都有不同的韵律与节奏,春有杜鹃夏有莲,秋有金菊冬有梅,各有各的绚烂,各有各的时节。

其实,我们无须顾虑太多世俗的眼光,坚定自己的想法远比遵从旁人的声音与目光重要得多。就像许多人觉得李白继承家业去从商或许会比追逐仕途更加顺遂,但他本人志不在此,且对自己的目标坚定不移。

尽管多次干谒失败,甚至家财散尽,李白仍觉未来的高堂之上一定有属于自己一展宏图的位置。始终如一的坚定与自信是李白的铠甲,命运的子弹从未将其穿透。只有拥有绝对的自信,才能在失败中习得经验教训,并快速走出失败的打击。

每个人,或许都曾满怀希望地展望未来。但有的人因为上学时成绩不够好，就质疑自己不够聪明；有的人因为一次考试失利，就觉得自己的将来会一塌糊涂；有的人则因为一次恋爱遇人不淑，就觉得自己不值得被爱……这些都是不自信和消极的表现。

缺乏自信会让我们怀疑自己，甚至责备自己。而我们每质疑一次自己的能力，我们的能力就真的会大打折扣一次。不妨回想一下，你是否有过在某次考试、演讲比赛或汇报工作前，尽管已经做了充足的准备，却因为不自信、害怕失败从而紧张焦虑，导致没有发挥出自己真正水平的情况？成功，能力和运气很重要，相信自己的能力也很重要。

除了因为一些切实发生的事而担忧，我们有时还可能会莫名其妙地产生焦虑。生活中也没出现什么大问题，但就是会莫名地感到焦躁和担忧。从心理学上解释，焦虑是一种对于可能发生的危险、威胁或困难的担心和忧虑。许多科学研究表明：缺乏自信的人，更容易对困难和挑战做出过度的负面评估，从而产生过多的焦虑。所以，很多时候，我们焦虑的不是眼下的处境，而是在潜意识中，过于忧虑未来即将发生的种种事情。

萧伯纳曾说过："有信心的人，可以化渺小为伟大，化平庸为神奇。"自信或许有些抽象，但若能使用好这种能力，将其与我们的天赋或努力配合起来，可以帮助我们事半功倍。

正因为李白拥有超凡的自信，才让他拥有决心、勇气和毅力，多年来始终坚持自己的梦想。在颠簸的岁月里，李白一转眼就到了知命之年，当时他的诗名已经传遍了天下。有一位名为魏万的书生非常仰慕李白，遍地寻访李白的踪迹，终于与李白相识。后来魏万考中了进士，将李白的众多诗作编成了一本《李翰林集》，这是李白的第一本诗集。尽管现在仅有序言保存了下来，但我们还是能从中找到李白如何入朝为官的蛛丝马迹。

对李白如何入朝为官历史上众说纷纭。而从《李翰林集》留下的史料中可以看出，李白能入仕，他的好友元丹丘起到了至关重要的作用。

据载，在李白游历期间，与元丹丘相识成为挚友，二人曾一起隐居过一段时间。在《李太白全集》中，李白专为元丹丘所作之诗就有十几首。唐朝时，道教是最受推崇的教派，元丹丘作为玄宗时期著名的道教徒，与皇室关系密切。元丹丘也与修道的玉真公主相识，所以后世有一种说法认为，李白能走入仕途，是受到了元丹丘的举荐。

据说，玉真公主有一次参加道教活动，正好由元丹丘负责篆刻记录公主言行的石碑，元丹丘借机给玉真公主推荐了《玉真仙人词》。此时玉真公主才看到了李白的作品，并对之赞叹不已。

此时的李白已经声名大噪，皇宫中也已传遍了他的诗篇。唐玄宗很赏识李白的才华，加上玉真公主的举荐，于是下令诏李白入宫。此时的李白正游历于江南，醉心于山水之间。收到诏令后，李白立马动身奔往南陵，迫不及待地给住在南陵的妻儿们带回喜讯。"仰天大笑出门去，我辈岂是蓬蒿人。"李白过往几十年的追寻与企盼，终于能实现了。

就这样，李白没有经过科考，坐到了皇帝面前。这一时期李白彻底成了皇帝眼前的红人，皇帝命他为翰林供奉。虽然李白只为官三年便被赐金放还，但他的为官梦还是终得实现了。

安史之乱爆发后，李白带着妻子宗氏南奔逃难。当时的李白仍然渴望着可以在仕途上有一番作为，便投靠了永王军，并且作组诗《永王东巡歌》来抒发自己渴望建功立业的雄心壮志。但这一次李白站错了队。永王擅自引兵东巡，导致征剿，后兵败，之后，李白也在浔阳入狱。后来虽被宋若思、崔涣营救出狱，但几经辗转，李白还是因参加过永王东巡而被流放夜郎（今贵州桐梓一带）。过了几年，朝廷大赦天下，李白这才重获自由。

收到赦免的消息后，李白欣喜万分，天蒙蒙亮便告别白帝城，乘舟东下江陵。行路间，他听着猿啼，望着两岸快速向后而去的连绵山峦，不禁吟诵道："两岸猿声啼不住，轻舟已过万重山。"那些颠沛流离的沉痛之日已经随着两岸流过的景色一同消逝，此时的小船载着李白的轻快之情驶向新的旅程。

岁月的蹉跎仿佛没有在李白心上留下任何印记。人生几经辗转，李白也从未对自己的人生丧失信心。一句"轻舟已过万重山"，让我们感受到李白对未来的期盼。

晚年的李白因为没有收入，依靠好友的接济生活。六十出头时，李白因为病重返回了金陵，后又投奔了在当涂做县令的族叔李阳冰。此后，他再也没能返回官场，六十二岁时长辞于世。

关于李白之死，历来众说纷纭。正如上文已述的那则传说，骑鲸抱月而去这样极富浪漫色彩的结局似乎是众人心中最符合李白的结局。李白的一生尽管没有如他自己期许那般，在朝堂中绽放光芒，但他的自信伴他洒脱地走过了生命的每一段旅程，也让他的诗作更加洒脱烂漫。他的一生无拘无束、洒脱自在，既无过多规划，也鲜受规矩束缚，却尽享诸多快乐与极致体验。人生不过短短数十载，我们偶尔不妨活得如李白那般，以积极自信的心态去面对未知的一切挑战。

苏东坡

旷达一世，
把酒问天富经纶

换个角度看问题，
学会接受生活的"礼物"

猪肉颂

净洗铛，少著水，柴头罨烟焰不起。待他自熟莫催他，火候足时他自美。黄州好猪肉，价贱如泥土。贵者不肯吃，贫者不解煮。早晨起来打两碗，饱得自家君莫管。

纵览千古诗词，我们品过诗里的深情，阅过词中的豪迈，而像这样一首专为猪肉所作的词，实属少见。这首词为宋代大文豪苏轼（字东坡）被贬黄州时所作，大概他本人也未曾想到，这首词中的佳肴——东坡肉，也成了流传千年的美食，至今时不时出现在百姓的餐桌上。

其实，流传至今的古代佳肴很多，东坡肉之所以能成为许多人饭桌上的一道美食，除了它油而不腻的口感外，其背后的故事也值得品味。

公元 1037 年，苏轼在四川眉山出生。相传，苏轼诞生的日子是文曲星下凡之日。其中真假我们无从考证，但苏轼的才华确实如同明星一般，在历史的长河中闪耀至今，照亮了北宋的文坛，也照亮了一段历史。苏轼年少得志，幼年时便可吟诗作对，考进士时一举及第，就此开始了自己的宦海生涯。

但人生之起伏难以预料，这个初入官场的少年意气风发、壮志满怀，只觉自己有无限的抱负与才华，可以在属于他的天地之间施展，殊不知今后会面临怎样的变故。大抵每个少年得志之人都认为世间的种种都尽在自己的掌控之中吧。

初入官场的苏轼性子活泼、热爱交友，再加上满身的才气挡不住，这些都让他锋芒毕露。

当时，苏轼已经有多首脍炙人口的名篇佳作，初任凤翔府判官时，许多小吏都是他的迷弟，更有小吏称他为"苏贤良"。年轻气盛的苏轼受到了众星捧月的待遇，便开始有些飘飘然了。这一切被他当时的领导凤翔知府陈希亮得知后，下令杖打了这个小吏。这令苏轼很愤怒。

那个时候的苏轼还不是很懂人情世故，他认为陈希亮是在故意针对自己，因此对后者怀恨在心，还作出借古讽今的《凌虚台记》来讽刺他。

苏轼本以为陈希亮会大发雷霆，但后者不仅没有生气，还把此文刻在了凌虚台前的石碑上。因为陈希亮确实赏识苏轼的文采，杖打小吏其实是为了敲打他，希望他能够沉稳做事，戒骄戒躁。

虽然当时的苏轼与大多数年轻人一样，年轻气盛，但他不是一个黑白不分的人。他懂得认错，也懂得感恩。此时，他明白了陈希亮的良苦用心，知道陈知府是怕自己过于高调，想挫挫自己的锐气，以免今后得罪更多的人。毕竟官场如战场，步步都是如履薄冰。自此以后，苏轼与陈希亮交好，陈希亮也成了苏轼十分感激的良师益友。

从这一事我们不难看出，苏轼虽有锋芒，但并不固执。苏轼一生广交朋友，他踏足过的每一个地方，都有人与他把酒言欢、互诉衷肠。按照现在流行的 MBTI 性格测试来分类，苏轼就是一个不折不扣的"e"人（从与他人交往过程中获取能量的人）。但谁能想到，这样一个通透豁达之人竟也有过几次想了结生命的念头……

当时，北宋的官场表面看似一片太平祥和，实则早已暗流涌动。

宋神宗即位后，让王安石等人开展了变法。但苏轼认为变法有些激进，可能会引发社会动荡和民怨。但苏轼的官位远不及王安石，他阻止不了变法，更阻止不了朝廷的种种决定，只能写一些诗词文章来表达对于时局的不满。

苏轼当时官位不高，朝廷中并没有太多人在意他写的那些讽刺意味十足的诗词。此时苏轼仍然过着豪放不羁的日子，经常与好友们把酒言欢、吟诗作对。尽管生活十分自由快乐，但每逢中秋佳节，看着圆月当空，家人却不在身旁，仍有失落感伤涌上他的心头。于是某一年中秋，他便大笔一挥，写出了千古绝唱《水调歌头·明月几时有》。

> 明月几时有？把酒问青天。不知天上宫阙，今夕是何年。我欲乘风归去，又恐琼楼玉宇，高处不胜寒。起舞弄清影，何似在人间。

南宋初期文学家胡仔高度评价此作，说中秋词继《水调歌头》一出，余词尽废。作为一位文人，苏轼的前途广阔且平坦，他的每一次创作都让世人惊叹"中国诗词"所能触及的高度；但作为一名朝廷官员，他的为官之路上有惊涛巨浪。

后来，苏轼调任湖州知州。依照当时的传统，每位官员初任某地时都要写一封谢恩公文，感恩皇帝赐予机会。苏轼大概怎么也想不到，他的一封《湖州谢上表》犹如一把利剑，差点要了自己的性命。

其他官员写谢上表,几乎通篇都是对皇帝的感恩和对朝廷的赞颂。而苏轼这篇却向皇帝发了不少的牢骚,他指出了宋神宗治理朝政的一些问题,以及自己的不满。但皇帝需要威严和面子,苏轼此举让宋神宗极其不满,加上之前变法时,苏轼也写了不少诗词反对,主张变法的新党抓住这次机会,想要置他于死地。

朝廷派人到湖州捉拿苏轼回京审问,此时苏轼终于看清了眼前的形势,认为自己此次回去必死无疑。尽管苏轼豁达乐观,但在生死面前,任何人都会变得胆怯。

差役们带苏轼回京途中,某一晚船停靠在太湖岸边。苏轼趁夜偷偷来到太湖芦香亭,想投湖自尽。都说人的成长与变化往往就在一瞬之间,大概就是这一夜,让苏轼的心境与思想都有了翻天覆地的变化。风平浪静的太湖下,是苏轼一颗绝望与破碎的心。

苏轼最终没有自尽,被押回了御史台。在牢狱之中,他知道自己此次凶多吉少,便给自己最牵挂的弟弟苏辙写下了绝命诗,打算再次自杀。但此诗没有被送到苏辙手里,而是被送到了皇帝面前。宋神宗一下被诗中真挚的情感所打动。对这个案件的处置,宋神宗本就有些犹豫不决,因为他实在太欣赏苏轼的才华了。但身居帝位,他也不能无视苏轼所犯之问题。最终,在王安石等人的求情与劝说下,宋神宗把苏轼贬到了黄州做团练副使。

历史上称这次事件为乌台诗案。乌台诗案可以说是苏轼一生中所经历的最大的风波与坎坷。尽管在大家印象中苏轼是那样的豪放不羁、乐观豁达,但面对绝望,他也曾两次想结束自己的生命。

或许有人生来便是乐天派,但没有人能永远保持乐观。有人之所以能豁达、从容地面对一切,是因为他已经饱尝了委屈和坎坷,学会了坦然。

每个人生来都有喜怒哀乐,但处理情绪的种种能力是后天培养的。我们畏惧苦难,害怕坎坷,认为那些会让我们的人生变得糟糕。但磨难坎坷与幸运顺遂一样,都是生活给予我们的"礼物"。勇敢地应对磨难,我们会收获阅历和经验;认真感受生命里偶尔出现的小幸运,我们会品味到生活的美好。

你可能会觉得,自己何其不幸,竟有如此糟糕的境遇,从而抱怨、焦虑,甚至抑郁。但真正可怕的并不是糟糕的境遇本身,而是我们用想象将其放大了无数倍。不仅如此,我们还时常把自己想象成苦难的唯一经历者,觉得只有自己如此不幸。实际上,世上的困苦千千万万,大多数人都只经历过其中很小的一部分。

用一颗平常心去直面困苦,也允许自己有各种情绪。化解不良情绪的第一步，不是对抗它，而是接纳它。当困苦来临时，我们可以允许自己难过一会儿，而不是反复问自己："为什么会这样？"更不要强迫自己："我不可以难过，我要尽快走出这样的情绪。"不良情绪犹如污水，我们只有先将污水排尽，才能注入新的干净的水。

通过读书、学习，还有不断地经历生活的种种，才能变得通透、豁达。苏轼便是这样一步步从困境中走出来的。

回到苏轼刚刚被贬的那年冬天，大雪纷飞，家家户户都在团圆热闹地准备过除夕，而苏轼正饥寒交迫地赶往黄州。那时的黄州一片荒凉，团练副使更是一个可有可无的小官。顶着风雪，怀着对未来的迷茫，苏轼抵达了黄州。而真正属于苏轼的时代才正式开始。

朝廷没有给苏轼安排住所，他便找了个寺院暂时安顿下来。那个短暂为苏轼遮风避雨的小寺庙定慧院如今已为人熟知，因为苏轼在那里留下了许多深入人心的诗词。这一时期的苏词少了从前的狂放不羁，多了些许落寞与寂寥。

苏轼把家人都接到了黄州，没有俸禄和住所的苏轼很快就花光了积蓄，生活逐渐变得拮据窘迫。好在他还有一个常年追随他的"铁粉"——马梦得，支撑着他的生活。

马梦得年少时惊叹于苏轼的才学，便认苏轼为自己的偶像，一直追随着苏轼。但马梦得的仕途也不顺畅，一直担任着微小官职。他以前常和苏轼打趣说，如果有朝一日苏轼做了大官，一定要分自己一笔钱财。但万万没想到，自己的偶像竟沦落到如此下场。

经历了种种不公，又过着这样艰苦卓绝的日子，苏轼却不再像从前那样有那么多的抱怨和哀叹了，反而经常思考自己的这些经历，从中体悟生活和生命的意义。他回想起自己年轻时，最想过的其实是陶渊明那般"采菊东篱下，悠然见南山"的生活，隐居避世，自给自足，不问世间的一切纷纷扰扰。

如今官场失意，虽不再有佳肴玉饮相伴，却恰恰是开始种地农作、回归最本真生活的好契机，就像自己的偶像陶渊明那般。想到这些，苏轼心中的阴霾也逐渐淡去。

带着新的期许，苏轼在申请下来的一块土地上安家，并开始辛勤地耕作起来。务农的这些时光让苏轼的思想境界又一次得到了升华，他感受到了不同以往的幸福和快乐。每一次耕种，每一滴汗水，都能收获粮食，这是前所未有的踏实。且这种只要付出就有回报的感觉不像从前身处官场那般变幻莫测、虚如泡影。

开始田园生活的初始，苏轼忘却了过去的磨难和惨淡的遭遇。历史上有许多被贬的官员终日郁郁寡欢，自怨自艾。但苏轼并没有因被贬而就此消沉，他认为一切都是最好的安排，酸甜苦辣都是生命的"馈赠"。

万事万物，以及生命中发生的一切事情，都具有两面性。如果人人都能像苏轼这般，坦然应对所发生的一切，发现事情积极的一面，那么生活就会日日常新，总有收获。

比如我们不会被一次考试失利所打击，而是及时反思总结，查缺补漏，就可能在下一次考试获得更好的成绩；在工作中遇到了难题，我们把它看作一次锻炼自己能力的机会；恋爱或婚姻中的一次争吵，也会让我们有机会看清自己在感情中的不足和问题，从而改善双方的关系。糟糕的事情既已发生，无论我们用何种心情去面对都无法阻止，但乐观积极的心态可以让我们更快地从中走出来。

苏轼便是用积极的心态让原本阴暗艰苦的贬谪时光逐渐变得美好起来。在黄州期间，没有精细的粮食可吃，苏轼便灵机一动，把大麦与小红豆蒸在了一起。从没有人尝试过如此吃法，大家都觉得这两种食物蒸在一起一定难以下咽。但当苏轼把蒸好的饭端上桌时，满屋尽是粮食的醇香，而且色泽鲜美，令人垂涎。苏轼十分欣喜，并为其起名"二红饭"。

此外，苏轼还研发了许多新菜式。他发现黄州虽是穷乡僻壤，但物价极其便宜，尤其是猪肉。但黄州百姓似乎都不怎么会烹饪猪肉，于是苏轼自己潜心研究，用独特的做法烹饪出了流传千年的"东坡肉"。

众人皆叹黄州穷苦，但苏轼认为这是他苦中作乐、认真生活的好机会。此后，苏轼的诗词中也时常提到自己所做的美食，生活气息十足。

乌台诗案虽然是苏轼生命中的一次劫难，但也正因为这次贬谪，才成就了真正的苏东坡。无数人从苏轼的这段经历中受到了鼓舞和启发。如若没有这一遭，苏轼或许仍于宦海之中每天提心吊胆，那些惊艳后世的众多诗词，那些值得深思的智慧，都将不复存在。

生活里的风风雨雨敲打着每一个前进的行人。有的人因为风雨而畏缩不前，有的人总想等雨过天晴。而苏轼深感，风雨兼程，才是人生的常态，正如他在《定风波·莫听穿林打叶声》中所写的那样：

莫听穿林打叶声，何妨吟啸且徐行。竹杖芒鞋轻胜马，谁怕？一蓑烟雨任平生。料峭春风吹酒醒，微冷，山头斜照却相迎。回首向来萧瑟处，归去，也无风雨也无晴。

在苏轼心中，所谓风雨，所谓晴，不过是人们的感受而已。不要执着，也不要为外物所系，坦然接受一切，坦然面对一切，只要心中宁静，外界是晴是雨又何妨呢？

境随心变，心若喜悦，何处都是阳光；心若苦闷，无论何时，总觉阴雨。陷入困境时，是沉沦还是奋进取决于自己的认知，郁郁不前只会有痛苦和磨难，积极乐观才能看到转机和希望。坦然地接受生活，豁达面对命运馈赠。深陷泥泞时换角度思考，之后再继续前行，或许会有不一样风景。

常怀一颗平常心，时刻都有生活乐趣

六十四岁时，苏轼从海南赦免北归，在镇江金山寺看到了好友、著名画家李公麟所绘的画像，不由得心生感慨。此时的苏轼已逾花甲，走到了生命的最后一程，看到还有人记得自己，并为自己作画像，心中不禁泛起了涟漪。

一生为官几十载，几经沉浮，失意坎坷。这一生，自己究竟做了什么，又留下了什么？"问汝平生功业，黄州惠州儋州。"此时苏轼写下了人生的绝笔之作——《自题金山画像》。

苏轼以调侃的语气作了这首诗，总结了自己的一生。他认为自己一生的功业不在于他那些顺遂的为官时期，而在于他被贬到黄州、惠州、儋州之时。尽管已经年迈，但苏轼的幽默与豁达丝毫不减。在他心中，所经历的那些坎坷都是自己独一无二的宝贵经历。

苏轼的大半生几乎都在被贬中度过，但他仍用自己拥有的权力为百姓谋求了最大的福利。

《徐州志·山川·苏堤》中记载："宋苏轼守徐时，河决为患，因筑以障城，自城属于台，长二里许，民赖以全，活着众，今尚存。"现在的徐州人民依然能感受到苏东坡的壮举。后来苏轼调任杭州，以及被贬颍州（今安徽阜阳）之时，对两地的西湖都进行了疏浚，并筑了苏堤。在惠州之时，年近六旬的苏轼甚至自掏腰包，捐助疏浚西湖，并修筑了一条长堤。

许多人因为世道不公，就对世界充满失望。但苏轼从未因受到朝廷的苛责与折辱就改变自己要做好官的准则。而且，比起那些不切实际的幻想和对功名利禄的一味渴望，苏轼十分擅长在自然山水中思考人生的哲理与真谛。

他不止一次游历于赤壁之下，观察这千年之前留下的遗迹。"寄蜉蝣于天地，渺沧海之一粟。""知不可乎骤得，托遗响于悲风。"人生短暂，自然却是永恒的。宇宙浩瀚，瞬息万变。渺小的我们，就算有再多的悲喜，在天地间也如苍茫一粟。

我们时常忘了宇宙和自然馈赠给我们的礼物，总是为写字楼里的工作而烦闷，为书桌前的学业和考试忧心，困顿于人际关系,为同事的几句闲言碎语和上司的几句批评而难展欢颜。也许这时我们都应该放下手机,远离电脑,走出房间,去外面看看天空、树木、花草。自然万物是如此美好,我们能从自然环境中感知到世界的本真,静下心来,让大脑重新焕发活力。英国的一项调查研究表明,每周花两小时亲近自然的人,身心都会更健康。大思想家王阳明更是在庭院中观竹七天,来参透圣人"格物致知"的真理,留下了守仁格竹的典故。

人生的乐趣和理想并不一定要身居高位或者经过艰苦的奋斗才能获得和实现,它们可能就存在于我们的日常生活中,存在于我们身边的一草一木中。正因为对世间万物葆有兴趣和热爱,所以那些浮于表面的名利和官场的沉浮无法将苏轼困于其中。

宋哲宗即位后,司马光被委以重任,他废除了新政,打压以王安石为首的新政党派,将许多当初因反对新党而被贬的官员复职。苏轼的仕途迎来了转机,几个月内官职多次升迁。

而此时的苏轼在与底层的百姓朝夕相处后,感受到了许多从前居于高堂之中难以体察到的民情民意。因此,他认为新政之中也有可取之处,可以为百姓造福,还认为司马光不应该一举推翻新政中的所有建议。司马光得知苏轼反对自己后十分不满,以前那些反对新政的保守势力也把苏轼视为眼中钉。不久后，苏轼又遭到了诬告陷害。

新旧两党之中，都已没有苏轼的容身之处。苏轼也知道自己在朝中的艰难处境，于是自求外调，远离这一切。

之后，苏轼再一次调任杭州，帮助杭州人民解决了饥荒、瘟疫和水利等问题。苏轼的政绩和无私为民的精神至今仍被杭州人时时提起。之后新党重新被启用，守旧派再次被打压，苏轼又一次被牵连。苏轼一生的命运，仿佛一直被他人牵动着，不由自己做主。但他始终用一颗平常心，平衡着生活中的一切动荡和变迁。

苏轼再度被贬到了惠州。北宋时惠州比黄州更加贫苦，但我们在苏轼的词作中几乎找不出半点对当时艰苦生活的抱怨。苏轼来到惠州后，粮食紧缺，但他发现这里的荔枝十分鲜甜。"日啖荔枝三百颗，不辞长作岭南人。"苏轼觉得，能天天吃到美味的荔枝也未尝不是一种幸福。

无论何时都保持对生活的热爱，积极发现生活中的幸运和美好之处，是苏轼的快乐秘诀。生活中的许多境遇我们无法左右，但如何在既定的境遇中去安排自己的生活，其实取决于我们自己。

后来，六十二岁的苏轼再一次因为政局变动被贬到了海南儋州。海南十分湿热，瘴气氤氲，毒蛇猛兽遍地。在当时被贬到海南，不亚于被判了死刑。

年迈的苏轼自知此去凶险万分,做好了死在那里的准备。海南的确如苏轼想象中那般艰苦,但他仍然不放弃为自己的生活寻找乐趣。在黄州时发明东坡肉,在惠州尝荔枝,身处海南岛时,苏东坡发现了这里一种新奇的木头——沉香。

闻香品茗是中国古代文人热衷的雅事,苏轼也不例外。在中原时,苏轼没有见过沉香,如今在儋州遇到了这看似普通、闻起来却沁人心脾的沉香木,这令他兴奋不已。于是,寻找上好的沉香便成了苏轼乐此不疲的事。他甚至还写信给朋友,分享自己在海南寻觅到沉香时的喜悦。那些原本担心苏轼的友人见状也感到了欣慰和安心。

除了寻香品香,向当地居民学习新奇的风俗事物,苏轼还在儋州大办学堂。

在苏轼到来之前,儋州没有出过一位进士,很多人对中原文化一无所知。教育的落后严重阻碍了儋州的经济发展。在苏轼的教导下,儋州出了第一位乡试解元,儋州人民都对他感恩戴德,尊敬有加。

当时朝堂上没有一个人能想到,年过花甲的苏轼不仅能在海南生活下去,甚至把那里当作了自己的第二故乡,生活得有滋有味。苏轼自己也调侃:"我本儋耳氏,寄生西蜀州。"每一次九死一生的贬谪,苏轼总能快速适应新环境,将一切逆境变为平常,并在平常中寻找乐趣。

每个人都会面对新的环境和挑战，如何才能让自己快速在新环境中转逆为顺，转忧为乐呢？

首先，我们要用一颗平常心坦然地迎接新的挑战，不要慌乱紧张，尽量做好充足的准备。就像苏轼得知自己要去海南时，先为自己做足了心理建设，甚至为自己准备了棺椁。

其次，来到一个新的环境时，我们要多多观察。刚转学的学生，以及刚入职新公司的职员，可能会因为不熟悉而把自己困在座位上，但这样只会让我们对新环境更加警惕。我们可以像苏轼那样，大胆地走出去，把自己慢慢融入新的环境之中，适应了环境才能更好地发挥出自己的才能。

最后，我们要学会从周围的环境中寻找新的乐趣。苏轼在黄州时研究烹饪，在惠州时享受荔枝，在儋州寻香品香、教书育人。当我们将时间都花在认真地生活、认真地做事时，就不会一直沉浸在苦闷与低沉中了。远大的理想和目标固然重要，但我们更要学会脚踏实地地过好眼下的每一天，更要学会对生活抱有足够的耐心和热忱。有的人学习工作能力超群，但打理起生活却如同一团乱麻，这也不利于我们的身心健康。苏轼总能把一切平衡得很好，他既是一位耀眼的才子，又是一位善于创造乐趣的生活家。而他又将自己丰富的苏氏生活智慧写进词作，成为留给后世的宝贵财富。

苏轼眼中的聚散，是"人有悲欢离合，月有阴晴圆缺"

的处之淡然；面对不可追的往事，他告诉我们"且将新火试新茶，诗酒趁年华"；面对波澜坎坷，他告诉我们人生的风雨不足为惧，时间洗礼后终归"也无风雨也无晴"；面对人生的迷惑与是非，他告诉我们"不识庐山真面目，只缘身在此山中"。

苏轼最终未能回到故乡，于北归途中病逝。正如他所写："人生如逆旅，我亦是行人。" 苏轼把人生当作一场经历、一次修行。我们皆是这世间的匆匆过客，每个人的一生又何尝不是一场修行？万事皆有利弊，我们总能从每一次经历中有所得。

"休言万事转头空，未转头时皆梦。"短短一生中，得到的、失去的终将化作梦幻泡影。我们只是苍茫天地间的匆匆过客，一时的好与坏又能如何呢？我们能做的就是怀抱一颗平常心去面对生命中的一切变化。

白居易

与光同尘，福祸茫茫未可知

如何从容地面对各种抉择

"在天愿作比翼鸟，在地愿做连理枝。"《长恨歌》一诗与唐玄宗和杨贵妃的旷古之恋一并流传至今，而少有人提的是，《长恨歌》的作者白居易也有过一段哀婉忧伤的爱情。

白居易出生于郑州新郑。据传，他三岁识字，五岁成诗，九岁通声韵。仿佛从咿呀学语之时开始，他的人生就注定会不凡。

白居易少年时随母亲搬到了安徽符离，在此地遇到了自己的一生挚爱——湘灵。

当时，白居易与母亲住在东林草堂，并结识了邻居家的小女孩湘灵。湘灵天真无邪，且略通诗词音律，两人很快成为朝夕相伴、青梅竹马的玩伴。

随着年岁渐长，爱情在他们的诗情画意间悄悄地萌芽。白居易也无法再掩饰自己的心意，于是，他告知母亲自己想去湘灵家提亲，但当即遭到了母亲的反对。白母觉得白居易出身官家，而湘灵家境贫寒，两人门第相差甚远。最终，白居易听从了母亲的意见。

尽管当时大唐很开放，但门第观念仍然深深伫立在人们心中。白居易不甘心，但也无可奈何。在无数个辗转反侧的夜里，他的脑海里满是与湘灵吟诗作对、嬉戏玩闹的画面，可惜世俗的声音、门第的成见无一不在告诉他：他们二人并不合适。

白居易很难过，也很纠结，他不想放弃自己的真爱，也不想违背母亲。无奈之间，只能逼自己做出抉择。

正如此时的白居易一样，每个人的一生中都会面对无数的抉择。我们渴望独立，渴望自由，渴望生活能两全其美。但有所渴求，就一定会有所束缚。在白居易这里，若与心爱之人结成佳偶，就要背不孝之名；若获得母亲的认同，就要放弃自己心中所爱。

白居易并没有在这样的抉择中犹豫太久，更没有因此消沉难过。但白母怕白居易仍对湘灵念念不忘，便让他以求学之名离开了符离。

就这样，湘灵两眼噙泪地送白居易到了渡口。而白居易在离别之际于滩河旁为湘灵所作的《南浦别》，仿佛带我们回到了千年之前他们俩分别之时的场景中。

南浦凄凄别，西风袅袅秋。
一看肠一断，好去莫回头。

此次一别，白居易更加发奋图强，他相信，若能金榜题名，自己必定还能与湘灵重逢，与她长相厮守。

后来，二十九岁的白居易考中了进士，是同年进士中最年轻的一位，但几经波折后，白居易在三十五岁时才正式开始了他的宦海生涯，担任周至县县尉。被选入语文课本的诗作《观刈麦》正出自白居易担任周至县县尉时期。

足蒸暑土气，背灼炎天光，
力尽不知热，但惜夏日长。
……
吏禄三百石，岁晏有余粮，
念此私自愧，尽日不能忘。

酷暑下，劳作中农民汗如雨下，白居易看到人民在繁重赋税的压迫下过着困苦艰辛的日子，而自己无功无德却俸禄三百石，心中深感羞愧与愤懑，当即写下了这首诗，字里行间浸满了对百姓艰苦劳动的心疼和对当时赋税政策的不满。

不久后，此诗传遍京城。朝中一众大臣对白居易此举十分不满，纷纷厌恶起这个说真话、不与大家为伍的年轻人。当时的县令则更是变本加厉，竟然命令白居易去拷打百姓来征收赋税。白居易怎会愿意？他再一次陷入了两难的境地。

一边是自己的仕途，一边是自己内心的坚持，再遇难以抉择的境地让他十分痛苦。最终，他称病避开了这次工作。当时的县令也不希望白居易给自己的工作再添阻碍，便给他放了长假，甚至鼓励他去游山玩水，以便自己顺利开展征税工作。

由此，白居易开启了一段闲适的时光。

古代，朝中大臣大多分两种：一种为求高官厚禄而不择手段，另一种则高风亮节，为了百姓的幸福可以不惜自己的乌纱帽。而白居易用中立的态度避开了如此两难之选，与其说这是一种逃避，不如说这是一种做人处世的智慧。

人的一生中会面临无数抉择。很多时候我们并不知道应该顺应外界、随波逐流，以此来保全自己，还是坦荡直面内心最真实的自己。但我们应该认识到的是，很多两难境地，以及因此产生的烦闷困苦的情绪是生而为人必须面对的，并不是因为你运气差或能力不足，才要面临这些状况。

诗人白居易有着比常人更加丰沛、细腻的情感，但他同时又十分清醒和通透明白人生少有圆满，遇到取舍与抉择都是在所难免的。所以在每一次面对抉择时，他都平静地应对，并没有因此而怨天怨地，意志消沉。面对两难的境地，他知道自己无力抗争，但并没有因此做出违背本心的事情，而是选择了折中处理。因为他内心深知，只有自己变得更好、更强，才能拥有更多的话语权和选择权。无论是对待事业，还是对待爱情，白居易总是充满希望，坚定不移。

在面对生活的选择题时，我们可能会太过绝对，总想找出一个正确答案。但有时，放弃选择，避开选择，也是一种选择。

在自己的为官之路上，白居易始终在找寻最适合自己的生存方式。这一次的长假也让他对此有了更多思考。

在这段时间里，他与好友一起游历了许多山川湖海。可是每当他独自一人时，他总会想起心爱之人，与湘灵的嬉笑玩闹仿佛就在昨天。很多人都会遇到感情挫折，但有的人可以妥善处理，继续认真地生活，有的人却可能因为这份不顺遂而垂头丧气、消沉很久。显然，白居易是前者。

在一次出游中，白居易与友人陈鸿、王质夫来到仙游寺，谈起了唐玄宗与杨贵妃凄美的爱情故事，不禁感慨万千。他决定写一首诗来记录这一旷世奇恋，这正是传世之作——《长恨歌》。

……

在天愿作比翼鸟,在地愿为连理枝。

天长地久有时尽,此恨绵绵无绝期。

与其说这首叙事诗写的是唐玄宗与杨贵妃的故事,不如说这是白居易在抒发和纪念自己的感情。他把自己对湘灵的思念和爱恋全部融入了诗中。

直至三十七岁,白居易都未再爱上任何一个女子。在古代,一个男子三十七岁还未娶妻纳妾,是一件不得体,甚至落人口舌的事情。母亲以死相逼,白居易不得不妥协,最后娶了自己的表妹为妻。至此,白居易与湘灵的感情暂告一段落。

纵观白居易这些年,有成就,也有遗憾,但很少有非常沮丧,甚至想要放弃的时刻。对于人生中遇到的各种取舍和选择他都从容以对:在感情上他听从了母亲的意愿,但也未放弃争取与真爱在一起的机会;在工作中,他既没有硬碰硬地与同僚发生正面冲突,也没有违背自己的本心。

我们每个人一生中也会面临无数次取舍和选择:选择自己喜爱的专业还是就业形势好的专业?选择更加清闲的工作还是报酬更高的工作?选择先立业后成家还是先成家后立业?仿佛我们每走一段路,就会有一个岔路口在等着我们做选择。而且在大众眼中,每个岔路口的选择都至关重要。

"高中选文理科，是人生的关键时刻。""高考很关键，决定孩子的未来。""大学选什么专业至关重要。""女人的婚姻就是第二次投胎，要认真选择。""三十岁是人生重要的分水岭。""孩子的教育要从学前开始抓，不然就会落后。"这些说法充斥在我们的日常生活中，让我们觉得自己不能做错任何一个决定，否则未来就会完蛋。

这让许多人无比焦虑，让我们在面对选择时变得慌乱，不能接受自己的人生偏离"轨道"哪怕一点点。但当我们真正做出了选择，经历了各种事情后会发现，人生的容错率其实是非常高的，而且人的一生也很难按照规划去生活。

人生并不是一张考卷，许多选择没有对错，更没有好坏之分，我们更需要关注自己内心真正的想法和感受。

所以，当我们面临选择时，无须焦虑，也无须畏惧，提醒自己注意以下几点，也许就能从容应对。

第一，明确自己的目标。我们要明确自己最大的需求或是最想实现的目标，面临抉择时只围绕最大目标进行取舍，不过度纠结，无贪念之心。

第二，勇敢做出选择。很多时候我们不敢做出抉择，害怕面对取舍，是因为生活可能会有所改变。而面对未知的变化时，每个人都会有恐惧。但我们不该把未知和困难画等号，新的境遇或许会有新的收获。

第三，坚定信念，给予自己积极的自我暗示。我们时常在做出选择后产生担忧、不安的心情，害怕选择错误造成损失和影响。但世界上没有绝对正确的选择，我们应该做的是把自己的选择变得正确。我们要坚定自己的目标，并相信自己的选择，在迟疑和不安时，多给自己一些积极的心理暗示。神经科学研究表明，积极的自我暗示能够激活大脑的奖赏区，从而释放多巴胺等神经递质。这样不仅能让人心情愉悦，还能降低焦虑和抑郁的风险，让我们在工作和生活中事半功倍。

不必畏惧人生中的选择与取舍，因为选择只是一个开始，努力经营好选择之后的生活才更为关键。人生的每一次分岔路口，都能让我们加深对自身的了解。而且只有经过选择与取舍，我们才能把自身精力汇聚于一处，从而在自己所选的道路上更有力量地前行。

允许一切发生，
找到内心真正的想法

除了想与真爱长相厮守，白居易也立志做一个为百姓造福的好官。因为幼年时经历过颠沛流离的艰苦生活，所以他更能体会和理解百姓所经历的疾苦。

白居易看到一位卖炭翁两鬓斑白，穿着破旧单薄的衣裳，扛着重担，走了很远的路赶到集市，想用卖炭的钱买些衣服和食物。但他在路上遇到了两个骑着马的宦官，宦官手里拿着文书称是皇帝的命令，强行低价买走了他的炭。

此情此景让白居易愤怒至极，他便挥笔写下《卖炭翁》一诗。此诗一出，很快在京城中传开。当时，宦官在朝廷中占据着重要的位置，白居易此番又得罪了许多人。

别人都利用职务之便为己谋利，白居易却为百姓之苦挺身而出。这本是正义之举，可惜在恶行当道之时，正义就成了罪过，大家都把白居易视为眼中钉、肉中刺。再加上白居易文采过人，他的诗篇广为流传，更让他的"敌人"们容不下他。白居易的仕途从此开始变得坎坷万分。

宪宗即位后，十分看重白居易的才华，命他为翰林学士。次年，白居易又右迁为左拾遗。白居易的仕途似乎又重燃起希望之光。

左拾遗是皇帝身边的言官，白居易担任此职时，一直恪尽职守、勇于进谏。好的想法和谋略无一不言，皇帝有任何过失之处他也全都直言不讳，逐一指出。但皇帝是天之骄子，总被一个言官劝谏，时间长了难免觉得有失威严。

后来，宪宗让宦官去带兵平定战乱，这样离谱的事情可谓前所未有。不出所料，很快便战败了。白居易当即就写了讽喻诗来讽刺这种荒唐之事。他的好友元稹劝他冷静一些，不要随意抒发不满，但是他丝毫听不进去。至此，宪宗再也无法忍受了，甚至让丞相给白居易定罪。还好丞相为白居易求情，此事才作罢。

此时白居易已经人到中年，深受儒家思想影响的他始终认为人性本善，做人也应该善良正义，为正义发声，为正道努力。可惜水至清则无鱼，人至察则无徒。

而在当下社会的职场上也有异曲同工之处，做得太好或做得不好都容易成为众矢之的，很多人都会因在职场中受到的排挤和孤立而感到沮丧、焦虑。此时的白居易，也正处于这样的情绪旋涡中。

母亲去世后，白居易守孝三年。再次回到朝廷后，皇帝让他担任太子左赞善大夫一职，相当于太子的老师。

此时的唐朝藩镇割据、动荡不安，当朝宰相武元衡也因势力斗争在上朝途中被人谋杀，这件事情震惊了朝野。但当时藩镇势力早已壮大，无人敢言此事。白居易再一次铤而走险，将此事上报给了皇帝，并就藩镇割据的现状提出了自己的建议。此前他已经三番五次地挑战了朝廷的掌权势力，站在了众多官员的对立面。此时的群臣再也容不下他，上书以越职言事之名将其贬职并赶出了京城。

白居易为官多年，因直言不讳得罪了许多宦官。他们想将白居易置于死地，便杜撰白母是落井而死，让白居易背负了个大不孝的罪名。白居易再度被贬，由江州刺史贬为江州司马。

白居易简直如跌入了谷底一般，被贬期间，他在心里反复问自己是不是不应该那样莽撞，那样露出锋芒，那样不管不顾，与众人为敌。也许不仅是白居易，我们每一个人在夜深人静时可能都会问自己："那件事我那样做对吗？""如果当时没有……会不会一切都变得不同？"

在浔阳江头，白居易遇到了一位琵琶女。琵琶女的遭遇让白居易产生了深深的共鸣，两人一见如故。白居易再也无法压抑心中的苦闷与惆怅，将所有的情绪倾注在了诗作中，旷古名篇《琵琶行》喷薄而出，流传至今。

唐宪宗暴毙后，唐穆宗李恒即位。白居易曾当过穆宗的老师，所以得到了提拔，而这一次的仕途之旅也比之前顺遂了许多。一方面是因为他与皇帝之间有师生情，另一方面，白居易此时的心性发生了变化。

自此之后，他很少再写诗抨击朝廷现状，更没有再为什么事强出头过。朝廷中牛党、李党争斗最激烈之时，他也没有站队在任何一方，而是一直保持着中立的态度，学会了谨言慎行，明哲保身。

他不再渴望改变世界、改变他人，也不会因为世界与自己想象的不同而与内心的自己对抗，不再与外界苦苦抗争。

此后的白居易很少在朝廷中树敌，收起了自己的锋芒，平和地应对一切。《道德经》写道："挫其锐，解其纷，和其光，同其尘。"大意是顿挫自身的尖锐而不受任何损害，化解各种纷扰不被其扰乱心灵，能够懂得含蓄自己的光耀，能够混同尘垢而不污染自己，借助一切力量，哪怕是对立方的势力，因势利导，让自己壮大。

那在现实生活中，我们应该如何做呢？首先，我们要尊重自己，接纳自己的现状和所有想法，不和自己较劲。有时我们会因为自己的一些不足和暂时落于人后的境况就厌恶自己，但认识到自己的平凡，承认自己的普通，才能有更大的成长空间。

其次，坦然接受外界的样子，接受世界与自己预想的不同，也要允许一切发生。人随着不断成长会发现世界包罗万象，不同人也各有各的想法。我们可能会因为别人的想法和行为与自己预期的不符合，就质疑自己或他人，因此与他人产生强烈的矛盾和冲突。我们可以通过自己的努力让自己拥有更多的话语权，让自己的想法变得更有影响力。

最后，我们还要学会屏蔽外界过多的声音和意见。在评判一件事情的好坏与价值时，我们时常会陷入迷茫，询问他人：

"这样做你觉得好吗？""你觉得对不对？"或者在各类社交平台上浏览大家的观点与看法。其实人生中的大多数事情并没有统一的评判标准，如果一味地用外界主流的价值观、大多数人的评判标准来衡量自己的行为与选择，那我们只会在他人的目光中迷失，无法找到自己真正的想法。

白居易晚年为自己起名"乐天居士"，来自《易经》中的"乐天知命故不忧"，这句话涵盖了他晚年的思想态度，他终于找到了自己内心真正的想法。

第二辑

美好的爱，
需要用心经营

李商隐　　纳兰性德　　李清照

李清照

千古明月，
自是花中第一流

醉入莲池，
勇敢的女人更容易得到爱

谈及与酒相关的诗词作品，我们大多首先会想到李白的"举杯邀明月"，苏轼的"诗酒趁年华"，以及曹操的"对酒当歌，人生几何"，等等。

可除了上述这些豪迈粗犷之作，还有一些婉转绵长的作品，如"昨夜雨疏风骤，浓睡不消残酒""常记溪亭日暮，沉醉不知归路"。世人多将饮酒与男性挂钩，但上面这两句饮酒词都出自宋代的一位十几岁的妙龄女子，而她的一生都有酒相伴。

这位女词人就是李清照。李清照生于山东，父亲李格非当朝为官，是一位藏书甚多的大学者，母亲也是位名门闺秀。优渥的家境和良好的教育都为她走上文学道路铺垫了基石。

当时有位文学家是这样评价十几岁的李清照的:"灵襟秀气,超越恒流。"

除了读书识字,李清照日常生活丰富多彩。不似大家印象中只居于闺阁中做些女红,或整日与琴棋书画为伍的古代女子,李清照最喜欢的是饮酒和赏花,而且她并不钟情那些艳丽的花朵,偏偏最爱桂和菊。

李清照还会玩赌博游戏,明代赵世杰所著《古今女史》就曾评价她是"博家之祖"。据载,李清照发明过二十多种赌博游戏,其中她最爱一种名为"打马"的游戏,甚至写了一本《打马图经》留给后人,教大家如何玩好这个游戏。其实,一切与博弈有关的事李清照都喜欢,她从不是一个柔弱的传统女子,她热爱挑战,热爱冒险。

李格非早年为官太学,在李清照十几岁时,举家来到了汴京。汴京十分繁华,但李清照时常思念自己的家乡。

从前在老家时,她会约上几位好友,在午后共去泛舟赏荷。几人饮酒作乐,欢声笑语不断,玩到日暮时分才想到要归家。酒劲上头,大家划了很久的船都未能找到回家的路,不经意间,竟将小船划入了"藕花深处"。

回想起这些时光,李清照不免有些失落,只能在闺阁中独酌。微醺后的她诗兴大发,提笔写出了她的处女作——《如梦令》。

昨夜雨疏风骤，浓睡不消残酒。试问卷帘人，却道海棠依旧。知否，知否？应是绿肥红瘦。

宋朝时兴写艳词，但李清照没有跟风，作品风格多清新简约。而且，李清照的思想也没有因为女子的身份而被约束在闺阁之中，她勇敢的个性让她的世界变得丰富开阔。

当时，汴京城内的无数才子都为她倾倒，吏部侍郎赵挺之的三子赵明诚亦如此。李清照在一首词中记载了她与赵明诚的初见之景。

李、赵二人都出生于官宦之家，一个喜爱诗词歌赋，一个喜爱金石文物，可谓佳人才子，实属良配。相识不久，两人便互生情愫，赵明诚也暗自决定要娶李清照为妻。但二人的父亲在政治立场上不和，双方家庭都不赞成这门亲事。赵明诚为此绞尽脑汁。

据传，赵明诚跟父亲说："我做了一个很奇怪的梦，梦中念了一首诗，醒来后只记得三句：'言与司合，安上已脱，芝芙拔草。'"父亲一听，想了一下笑着说："这是说你将要娶一位能作词的女子啊。'言与司'合起来是'词'，'安上已脱'是'女'，'芝芙拔草'是'之夫'，合起来不是'词女之夫'四个字吗？"赵挺之怎能不明白儿子的心思，后来便默许了这门亲事。

赵明诚喜好收藏和研究金石文物，虽出身新党赵家，却对政治不感兴趣。北宋一位诗人陈师道在《历山居士集》中有这样的记载："正夫有幼子明诚，颇好文义。每遇苏黄文诗，虽半简数字必录藏，以此失好于父。"这里的"苏黄"是苏轼、黄庭坚，都算旧党的中坚力量，而赵明诚的父亲属于新党，他简直是在用行动拆老父亲的台。

正因如此，李格非认为赵明诚有别于他的父亲，最终答应了这门亲事。

花好月圆，有情人终成眷属。那一年李清照十八岁，赵明诚二十一岁。此后，李清照的诗词里又多了几许相思。

二人结婚后，赵明诚依旧沉迷于收藏金石文物。尽管两家都是官宦之家，但仅靠朝中俸禄很难支撑得起动辄数万两一件的文物字画的消费。面对这样的情况，李清照并没有责怪或限制自己的丈夫，而是变卖自己的衣物和首饰，全力支持丈夫收藏自己喜爱之物。李清照不贪恋荣华富贵的生活，也正因如此，赵明诚对她深爱有加。

无数夫妇婚后都在为柴米油盐的琐事而争吵不休。但赵明诚从未要求过妻子会做女红，也不要求她在家相夫教子。他们二人之间，更多的是相互包容和尊重。

他们一起欣赏古玩字画，一起研究诗词歌赋，他们既是夫妻，也是知己。李清照与赵明诚的美满婚姻成了大家口口相传的佳话，令人欣羡。

虽然李清照的诗词以婉约著称，但在生活和婚姻中，她是一个大胆有趣的女子。

相传，李清照婚后在诗词中记载了许多夫妻情话和闺中情事，有些不免较为私密和露骨，其中以《丑奴儿·晚来一阵风兼雨》最为出名。词中描绘了一个新婚女子在夏夜里撩拨自己丈夫的情景，不禁让读者面红耳赤，羞涩不已。

此词一出，便引来了诸多不满与谩骂之声。时人都认为作为一个女子，李清照应当内敛矜持，不该如此"放荡"，但李清照丝毫不在意，她觉得既然彼此相爱，就应该勇敢表达。如此美好的感情在她心里十分珍贵，也值得作词纪念。

不久后，赵明诚因公事需要出远门，李清照不忍与丈夫分别，还给丈夫写了一封情书，让他带在手上，这样便可以时时刻刻感受到她的思念与爱恋。

现在大家常说，勇敢的人先享受世界。而在李清照身上，我们也会看到，勇敢的女人更容易享受爱。

古往今来，在两性关系中，人们都认为男性应该是更直白、大胆的一方，女性则要矜持和内敛。实则不然，无论男女，都应该勇敢地表达自己的感情。勇敢地表达感情更容易让对方感受到自己的真诚，从而更易增进与相爱之人间的关系。当我们遇到值得的人，或者正处于一段良好的感情中时，一定要勇敢地让对方感受到自己的爱意。

适当的夸奖和赞美都能让感情升温。有数据显示，情侣间经常说情话，可以增强感情的稳定性和彼此的幸福感。所以，不要吝啬表达自己的爱意，每个人都喜欢被爱包围的感觉。我们都渴望得到爱和关注，将心比心，我们的伴侣也是如此。感情也是一种"礼尚往来"，付出爱，表达爱，得到爱，三者不断地循环，才能让爱长久地持续下去。

后来，宋徽宗推崇新政，新旧党争愈演愈烈。公公赵挺之是新党，父亲李格非是旧党，李清照夹在中间陷入了两难之境。李格非在当时的政局斗争中处境岌岌可危，李清照多次向赵挺之求情，希望他可以在朝堂上放父亲一马。但赵挺之没有顾忌半分。最终，李格非被罢官，而赵挺之平步青云，权倾朝野。

仅仅一年的光景，原本门当户对的两个家族已是天壤之别，而那些与父亲和诗、与母亲闲聊的美好生活也全都变为泡影。

尽管家中出现如此变故，李清照依旧没有埋怨自己的丈夫。她深知丈夫的左右为难，更明白丈夫的无能为力。此时，李清照也清楚地知道，今后的一切都要靠她自己了。每每节日到来时，望着万家团圆的灯火，李清照只能抬头望着明月，遥寄对远方亲人的思念。好在有丈夫赵明诚的陪伴，让她不觉孤独和凄凉。

二人的生活刚平静下来不久,赵挺之又出事了。他受到同党蔡京的迫害,没多久就病重逝世,他们夫妻最后的靠山也倒下了。被抄家后,夫妻二人被贬去了青州。青州的百姓见到盛名已久的李清照,对他们十分热情和尊敬,还专门修了一座公园。

二十四岁的李清照在青州逐渐安定下来,也渐渐爱上了这里的山水。尽管青州不似汴京繁华,但只要有丈夫的陪伴,一切还是那么美好惬意。在青州的街巷,大家时常能看到他们出双入对的身影。时光如白驹过隙,李清照在青州度过了人生中最幸福的十年。

李清照与丈夫赵明诚之间的美好爱情,直至今日依是一段令人称道的佳话。我们常常羡慕他人的爱情,也时常慨叹幸福并未降临于己身。其实,在感情里,勇敢且智慧地去追寻与表达,或许远比单纯地等待幸福降临更为有效。

香消玉减也从容，
如何培养强大的内心

李清照夫妻二人在青州隐居了十年后，赵明诚再次获得了做官的机会。据载，当时赵明诚是可以带家眷前往莱州做官的，但不知为何，他并未带李清照一同前去赴任。

二人虽成婚多年，但一直没有儿女，丈夫一走，李清照就过上了孤身一人的生活。

现实的距离并未让李清照和丈夫的感情有所疏远，他们频繁地书信往来，字字句句皆是牵挂与相思。李清照曾给丈夫写过这样一封信，信中没有太多的内容，只有一首词：

薄雾浓云愁永昼，瑞脑销金兽。佳节又重阳，玉枕纱厨，半夜凉初透。

东篱把酒黄昏后，有暗香盈袖。莫道不销魂，帘卷西风，人比黄花瘦。

一句"人比黄花瘦"让多少读者感到心碎，但这封信寄出之后迟迟没有得到丈夫的回信。

古代，男子三妻四妾是再平常不过之事，李清照也在猜测，此时丈夫身边已有新欢，所以淡忘了自己。当时坊间也有传言，说他们二人因为一直没有孩子导致感情出现了问题，所以逐渐疏远。

后来，李清照收到了回信，赵明诚称自己忙于公务，所以许久未和她联系。看到自己的妻子"人比黄花瘦"，赵明诚也十分心疼，便让李清照搬来莱州，与自己团圆。李清照很久都没有这样开心过了，青州家里的金石及藏书众多，她来不及一一打理，只托付给别人，便急忙上路了。可到了莱州之后，她没有等到丈夫的热情相拥，甚至连赵明诚的面都没有见到。

莱州的家里没有藏书和字画，更没有自己心心念念的丈夫。赵明诚称自己有事外出，回来时，却已和其他女子出双入对。这一切与李清照心中所想大相径庭。

丈夫纳妾，仿佛已是意料之中的事。李清照没有埋怨和愤怒，也没有与丈夫争吵，而是从容地处理着与妾室的关系。此时的她，早已没有了任性与孤傲，变得坚毅且从容。她将家中的一切打理得井井有条，依旧支持着丈夫的爱好与工作，尽管二人不再似从前那般亲密。

后来，靖康之变爆发。留在青州的金石文物是夫妻二人积累半生的心血，李清照怕它们毁于战乱，便只身前往青州，想要取回家产。面对纷飞的战火和路途的艰辛，李清照并未表现出丝毫畏惧。经过一番波折后，她终于带着十几车藏品返回，只可惜回到莱州时已经损失了一半。

后来，赵明诚因在金兵叛乱时弃城而逃被革职了。李清照从小就对政治有着鞭辟入里的见解，如今面对这般情境，她心痛万分。面对丈夫如此懦弱的行为，她伤心愤怒，却又百般无奈，只能通过文字来表达满腔怒火："生当作人杰，死亦为鬼雄。至今思项羽，不肯过江东。"此时此刻，她多么希望自己的丈夫也能有项羽那般的英雄气概。

可惜她左右不了生活，也左右不了他人，只能尽力做好一个妻子的分内之事。尽管心中不悦，她还是继续跟着丈夫颠沛流离。

花开花落花不在，春去春来又一年。不知不觉间，那个天真率性的少女已经四十岁了。后来，赵明诚在赴任湖州知事途中病逝，李清照的生活彻底改变了。

美酒美景都暗淡，再无欣喜跃心头。

这一段持续了近三十年的婚姻可以说是李清照过往人生的全部。如今赵明诚离她而去，她既没有亲人，也没有儿女，只剩下孤零零一个人。后人都评价李清照的作品婉约清丽，但在这些词作的背后，是她幸福又充满坎坷的前半生。

当时战事吃紧，李清照并没有太多感伤的时间，必须跟着逃难的滚滚人流去各处避难。一路上，李清照多次被小偷"光顾"，再加上战火离乱，她保留下来的金石文物已所剩无几。

后来，南宋小朝廷偏安于杭州，改杭州为临安。近五十岁时，李清照的生活才安定下来。一年后的春夏之交，张汝舟出现在了她的生活里。张汝舟时常陪李清照喝茶、吃饭、散步。谈起赵明诚，他哽咽不已，泪水在眼眶中不停打转。听到那些珍贵的金石书画在战乱中被毁、丢失，他更是捶胸顿足，深表遗憾。

那一段日子里，张汝舟陪着李清照同悲同喜，这让孤独、奔波已久的她为之动容。不久后，李清照再一次步入了婚姻殿堂。

新婚不久，张汝舟就露出了狐狸尾巴。他时常对李清照连哄带骗，想把她残存的文物据为己有。一次，张汝舟骗走了一个玉壶，又来索要宋徽宗书画过的团扇。李清照坚决不给，结果换来的是一顿拳打脚踢。此外，张汝舟还把青楼女子带回家对李清照百般羞辱。

李清照这次的婚姻简直是人间地狱。仅仅几个月的时间，二人的感情便走到了尽头。面对张汝舟的家暴行径，李清照并没有选择忍气吞声，她决意要与张汝舟分开以脱离苦海，但张汝舟并不同意与她离婚。

在现代社会，仍有许多女性饱受家庭暴力的痛苦，而且有很多人因为各种各样的原因选择忍气吞声，继续维系婚姻。但李清照从来不是一个逆来顺受的软弱女子，宁愿坐牢也要与张汝舟离婚。古时几乎都是男子休妻，女子休夫简直闻所未闻。二人的离婚案件轰动一时，也招来了许多流言蜚语。

这不是李清照第一次遭人口舌，早在她写词记录与丈夫的调情趣事之时就已经打破了对女子贤良淑德的规约。不羁的性格和超前的思想注定让李清照成为一个饱受非议的人。但面对这一切，她依然从容淡定，不论别人说些什么，她的内心都未动摇过半分。

为了离婚，她将张汝舟告上衙门，但受到了百般阻挠。后来她检举张汝舟虚报举数入官，张汝舟因此入狱，她才结束了这段婚姻。但身为张汝舟妻子的她也免不了落罪，一同被捕入狱。李清照宁愿自损一千也要伤敌八百，可见张汝舟带给她的伤害甚至远超牢狱之灾。好在有人相助，李清照在牢房里待了没多久便被释放了。

设想，如果李清照没有在这段婚姻中当机立断，继续忍气吞声，那么等待她的只有更多的折磨与苦难。

在一段糟糕的感情中，我们有时会因为害怕面对，选择了逃避和拖延，比如突然发现另一半有恶习，却因为顾念旧情，或者不想面对分手的痛苦，就选择忍受。如此这般，你最终失去的不仅是时间，可能还会受到更深的伤害。问题和痛苦不会因为逃避就消失，只有勇敢地面对，果断地处理，才能拥抱新的幸福。

此后，五十二岁的李清照独自回到临安安享晚年。

李清照的一生，可以说十分尽兴。她人生的每一页篇章都属于自己，没有借鉴，更没有引用。人的一生不可能一直顺遂，千古才女亦是如此，但李清照始终从容应对。她有过哀伤，却不常抱怨。

在面对变故和坎坷之时，李清照积极应对，从没想过放弃，更没有自轻自贱。她为何能有如此强大的内心？因为她始终忠于自己，始终勇敢向前。她很少沉湎于过去的痛苦，也从未逃避过眼前的苦难。面对爱人的离去，尽管痛心，却没有因此一蹶不振，仍然选择勇敢地去爱，勇敢地迈入一段新的婚姻。与张汝舟的婚姻不顺时，她也没有将就逃避，更没有得过且过，而是勇敢地救自己于水火之中。

深陷糟糕的关系与境遇时，我们时常难以脱身。一方面，我们会以付出了大量时间、已经习惯或者归咎于第三人等理由来自我安慰；另一方面，我们内心深处其实害怕改变、分离以及未知的风险，尽管知道这是在持续投入沉没成本。

面对这样棘手的感情问题，我们可以尝试在决然离开前进行"远离训练"。对那些难以割舍的关系与事物，先让自己与之保持一段距离，比如开启一场和好友的旅行，或者多参加活动，建立新的社交关系，结识新朋友。当我们把生活的重心慢慢转移到新的领域，当我们更多地关注自身时，我们对那些曾经让自己感到痛苦的关系与境遇将会有全新的认识，从而能够更理智地做出选择与处理。

无论何时，相比于依赖他人，成为一个让他人依赖的人，能让我们获得更多的自由与权利，也能让我们在生活中感受到更多的踏实与幸福。

纳兰性德

泪雨霖铃总深情，
国初词手第一人

如何走出痛失所爱的阴霾

"一生一世一双人"是大家对美好爱情的至高追求。但这句千古名句背后的爱情故事却鲜为人知。一生一世的一双人，最终并没有如愿走到一起，留下的只有"人生若只如初见"的感慨。这些动人心弦的爱情词句，皆出自清代著名词人——纳兰性德之手。

纳兰性德，字容若，是大学士纳兰明珠的长子。纳兰明珠深得康熙帝的信任，他独断专行，结党营私，贪财纳贿，尽管康熙帝都看在眼里，但从来没有查过他。直到后来朝中众臣联合将其告发，康熙帝才查了他，但事情平息之后又恢复了纳兰明珠的职位。

纳兰性德在这样一个声名显赫的家族中长大。身为家中长子，父亲对他寄予厚望，希望他能继续扩大家族的势力，光宗耀祖。而聪颖过人的纳兰性德也没有辜负父亲的期望，自幼饱读诗书，十岁就能作诗，展现出极佳的文学天赋，二十岁出头就考中了进士。他不仅出身好，后续人生也如同开挂了一般。

纵览中国古代的众多文人墨客，有些倾注半生读书习作，只为考取一个功名，有些用连篇诗作抒发自己的豪情壮志，以求加官晋爵。但纳兰性德与他们都不同，他的作品几乎都用来描写爱情。比起他耀眼的出身、渊博的学识，"大情种"是后人对他最深刻的印象。

纳兰性德从小与表妹一同读书学习，随着年岁渐长，二人之间的情愫也渐深，这位情窦初开的少年觉得此生非表妹不娶。可惜一道圣旨，斩断了二人的情缘，表妹奉旨进入宫中。

后来，纳兰性德在宫中见了表妹最后一面，此后一道宫墙将二人永远相隔。初恋的未果让纳兰性德第一次品尝到了爱情的苦涩。"一生一代一双人，争教两处销魂。"

自此，伤心欲绝的纳兰性德把所有心思都放在了科举考试上，希望用读书分散自己的注意力。纳兰性德参加乡试中举人，后参加京城会试中贡生，就在即将参加殿试时，他突然感染了风寒。当时的殿试，若生病了可以申请补考，但也要耽搁一段时间。眼看着自己的好友和同窗纷纷高中，纳兰性德心中不免失落。

二十岁时,纳兰性德到了要成婚的年纪,尽管他还是没有忘记表妹,但身为家中长子,在父母的催促下,他决定认真过好当下的生活。

皇家及贵族子弟的婚姻向来由不得自己做主。在纳兰明珠的安排下,纳兰性德和两广总督卢兴之的女儿卢氏成亲了。这场京中高官与封疆大吏之间的联姻在当时万众瞩目。大婚之前,纳兰性德与卢氏从未谋面,更谈不上相知相交。新婚当天,声势浩大,锣鼓喧天,往来宾客皆是笑语喧哗,但婚礼的主人公纳兰性德的心中却没有丝毫的喜悦。

婚后,纳兰性德与妻子卢氏相敬如宾。令纳兰性德意想不到的是,卢氏不仅温柔体贴,还具有与众不同的心性和才情。她温柔细心,又天真似孩童,甚至会因为阴雨天而伤感。她没有其他名门闺秀的骄矜,却能与丈夫共赏字画,对诗下棋,一较高下。

这样充满情趣的生活让纳兰性德忘却了错过殿试的失落,也抹去了他失去表妹的痛苦和伤痕。

据载,一日,纳兰性德看中了一幅名贵的山水画,但画的价格不菲,他担心妻子觉得自己过于浪费,便没有买。回到家时,卢氏十分高兴地说自己要与他分享一件好物,当妻子缓缓展开画卷,他发现原来正是自己相中的那一幅山水画。

后来,纳兰性德补考殿试,考中第二甲第七名,授三等御前侍卫。纳兰明珠得知消息后开心不已。当时能当御前侍卫的基本是家世背景很好之人，且御前侍卫离皇帝很近，有恩赐自然也是近水楼台先得月。

但纳兰性德很失望。他自幼读书，喜好诗文，如今却被授一武职，他觉得自己无法施展才思抱负。不过，纳兰性德的武艺也十分精湛，徐乾在给他作的墓志铭中写道："有文武才，数岁即善骑射。"尽管不喜欢自己的职位，但他还是兢兢业业地做好自己的工作。

康熙喜好风雅，纳兰性德便经常与他吟诗诵赋，君臣之间很是投机。无论去哪里，康熙帝都会带上纳兰性德，他从三等侍卫一路晋升为一等侍卫。

随着纳兰性德越来越受到康熙帝的重视，纳兰家族的势力也日益庞大。可是入朝为官后，纳兰性德深深体会到了官场的黑暗，也逐渐得知父亲的各种贪赃枉法之行，本就对功名利禄不感兴趣的他如今更是对官场无比厌恶。

他心中真正在乎的，只有他的妻子卢氏。他真正渴望的，是与妻子朝朝暮暮。可是公务繁忙，让他与妻子聚少离多，他为此颇为烦心。

卢氏温柔、体贴，从嫁给纳兰性德开始，从未因为他忙碌的工作而抱怨过半句。婚后数载，二人依旧恩爱非常。"绣榻闲时，并吹红雨。雕阑曲处，同倚斜阳。""花径里，戏捉迷藏，曾惹下萧萧井梧叶。"这些都是他们美好爱情的结晶之作。

但是好景不长，卢氏生产后身体状况不佳，不久后就去世了。纳兰性德为此郁郁寡欢，消沉不已。短短二十几年的人生，他先是经历了无法与真爱在一起的遗憾，又经历了丧偶之痛。这对任何人来说都是巨大的打击和痛苦，更何况"天生情种"的纳兰性德呢？

人的一生大都会经历一段段感情，有的人感情顺遂，能与爱人长相厮守，有的人却几经辗转，饱尝情爱之苦。如果没有良好的心态来面对感情中的各种变化，很容易陷入其中，难以自拔。

有的人可以很好地面对感情变故，有的人却迟迟走不出失恋的阴霾。失恋和丧偶都可以看作一种丧失。心理学家认为，面对丧失，人们通常会经历一系列的情绪阶段，包括否认、愤怒、沮丧和最终的接受。但这个过程并不是线性的，每个人的经历和所需的时间都不同。在面对感情的挫折时，我们可以通过以下的方法来纾解：

第一，接受自己的所有情绪。当感情出现变故，不少人会压抑或对抗情绪，这反而让人更难受。我们要允许自己尽情悲伤，接纳难过的情绪。

第二，向外界寻求帮助。把自己的难过痛苦告诉亲友，严重时可寻求心理咨询师或心理医生的帮助。外界的支持有助于我们处理情绪，感情受挫后不要自我封闭，多接触新事物能帮我们快速走出痛苦。

第三，给自己一些时间来恢复。不要过度关注自己的心情，也不要反复琢磨自己还要多久才能走出悲伤的阴霾。心灵的创伤如同身体上的伤口，过度关注只会让痛感愈发强烈。认真地过好当下的生活，有一天你会发现，已经很久没有再想起那件伤心事了。

我们常常执着于一段亲密关系的结果，其实感情的意义与价值在于它能教会我们感受爱、给予爱，让平凡琐碎的生活变得丰富多彩。倘若我们可以抱着享受和体验的心态去认真感受每一段感情，那么当下的每一天或许都会更有滋味。

真爱一定需要门当户对吗

金秋九月，纳兰性德的好友顾贞观回到京城，二人相聚。

纳兰性德虽然是出身名门的世家公子，但是他待人交友从来没有门户之见，对于那些生活贫寒但满腹才学的读书人他十分乐于与之结交。或许是因为从小到大见了太多皇权贵族趋炎附势、拜高踩低的丑陋嘴脸，纳兰性德交友只注重人品和才学，从不论家世背景。

顾贞观因才学出众被举荐到明珠府，成了纳兰性德的老师。这一年，顾贞观三十九岁，纳兰性德二十二岁。二人尽管年纪并不相仿，但是对诗作文学的热爱，以及对政治时局的看法如出一辙，且都是十分感性且用情至深之人，无论爱情还是友情。纳兰性德写了许多词送给顾贞观，其中《金缕曲·赠梁汾》最为出名。"一日心期千劫在，后生缘，恐结他生里。然诺重，君须记。"

顾贞观将好友吴兆骞因科考舞弊案被牵连而流放宁古塔一事告诉了纳兰性德。纳兰性德一向不喜欢借用家中势力，但读到顾贞观写的两首诗，诗中尽是对友人的挂念，不免为之动容。最终在纳兰父子以及多方力量的帮助下，吴兆骞被救出宁古塔。经此一事，顾贞观和纳兰性德的友情更加坚不可摧了。

顾贞观此次回到京城，看到纳兰性德深陷亡妻的痛苦之中，便给他介绍了一位女子——沈宛。

相传，沈宛是江南有名的歌伎，不仅容貌绝色，才情更是了得，当时江南的各路男子都为之倾倒。沈宛的身份虽被议论纷纷，但她的才情是众人一致认可的。她的词作在当时已经小有名气，风格多情而惆怅，与纳兰性德的作品相似。

据说在二人相见之前，纳兰性德就已听过沈宛的名字，也读过她的作品。经过顾贞观的介绍，二人真正地熟络起来。纳兰性德并没有因为沈宛是汉人和歌伎就不尊重她，对她的才华赞赏有加。这样的态度也让沈宛对他很有好感。

听闻纳兰性德因丧妻而时感沉痛，沈宛便时常弹琴唱歌为他舒缓心情。二人相处日多，感情渐浓。但沈宛的身份让纳兰家族的人难以接受，迫于家族的压力，纳兰性德不得不将沈宛送回了江南。

自古才子爱美人。历史上不止一位高官子弟、文人墨客与青楼女子坠入爱河，但最后的结局都少有美满。爱情本是自由、任性的，可能萌生于任何时刻。可惜"门当户对"的观念在古代社会根深蒂固，这让许多真挚的爱情都难以圆满。

但真爱，真的需要门当户对吗？心理学的研究表明，真爱具有无条件性，即不向对方索取；具有互动性，即不只考虑自己，更考虑对方；可以让我们的防卫感消失，即毫无保留地向对方展现真实的自己；让彼此成为伙伴，即精神上成为互相的陪伴和支柱。当我们拥有了真爱后就会发现，它只是一种纯粹的情感，与门第、性别、国家、种族、宗教都没有直接关系。

许多人之所以那么在意婚姻的门当户对，是因为爱情与婚姻不同。爱情是一种情感，但婚姻是双方共同完成的一件事情。人的情感虽然难以受控,做事却可求尽善尽美。所以我们在恋爱期时多以感情为重,而要面对婚姻问题时便开始思量双方的家庭是否门当户对。

不过,一段感情要想获得幸福,必须符合爱情三角理论。耶鲁大学的心理学家罗伯特·斯滕伯格提出:爱情由激情、亲密和承诺组成。一段感情只有包含了这三个部分,才能幸福并长久维持下去。

对纳兰性德来说,或许他还能找到比沈宛更加门当户对的人,但只有沈宛才能给他这样的情感体验,让他感到幸福。

后来,沈宛回到了江南,和纳兰性德天各一方。沈宛的离开,就如同远去且再也不会轮转的春天,带走了纳兰性德生活里的生机与快乐。纳兰性德在自己的词作《南乡子·烟暖雨初收》中引用石尤的典故,写女主人公希望能效仿石尤氏,化作大风阻止爱人远行。但是天不遂人愿,女主人公的愿望破灭,爱人最终乘船离去,分开的两人也只能独自品尝自己的忧愁,正如自己和沈宛一般。

终于,随康熙下江南的纳兰性德再次见到了沈宛,并得知她有了身孕。纳兰性德把沈宛带回了京城,但纳兰家不允沈宛进门。纳兰性德便在德胜门内置房安顿,纳沈宛为自己的妾室。尽管纳兰家始终不认沈宛,但沈宛不在乎名分,她只想与纳兰性德长相厮守。

错过了表妹，失去了妻子，如今遇到了沈宛，心中空缺多年的那一角终于被填补起来。可好景不长，乍暖还寒时节，纳兰性德患上了风寒。抱病与朋友相聚后，他的病情加重，不久便溘然而逝，年仅三十一岁。

感性的才子纳兰性德，虽出身名门、经济富足，但在他短短的一生中，内心真正渴望的只是一个懂他的人、一份真挚的感情，门当户对是他父亲的考量，并非他的本心所求。

而对普通大众来说，在选择婚姻与另一半时，关键在于明晰自己内心深处的需求。我们要认真思考，自己最想要的是爱人深情的陪伴，还是丰富的物质生活，抑或让自己的父母满意。只要我们不贪心，不奢求所有条件都满足，按照内心真实的需求进行优先级排序，总能得到满意的答案。

李商隐

生死相许，
此情可待成追忆

感情需缘分来成就，
执着之心不可取

"身无彩凤双飞翼，心有灵犀一点通。""此情可待成追忆，只是当时已惘然。""何当共剪西窗烛，却话巴山夜雨时。"这些诗句我们皆不陌生，应该都曾在课本上读过。大家通过这些诗句初识了感情的美好，长大后亲身经历再回头重读，才明白其中的感伤和遗憾。

近年来，时常在网上看到大家探讨这样一个问题：两个互相喜欢的人到底是在一起过却无奈分开更遗憾，还是从未在一起过更遗憾？

或许在写出了上述情意绵绵的诗句的李商隐的爱情经历中，我们能得到一些答案。

李商隐出生于一个小官僚之家，门第衰微令他无法受到家族的庇佑，走上仕途的"快速通道"，而且又因父亲早逝，年少时他就得背负起家庭的重担。好在李商隐天资聪颖，对文字、文章极为敏锐，靠帮人写字赚钱，支撑着家庭的吃穿用度。

尽管年幼丧父，但是李商隐有一个很好的堂叔，这位堂叔也是他文学上的启蒙老师。堂叔看到李商隐聪慧过人，不舍得让文坛错失这样一个出众的苗子，十分乐意教导他。

堂叔病逝后，李商隐来到了洛阳。才十几岁的他一边慨叹洛阳的繁华，一边拜访贵人名士。来到洛阳不久，李商隐便结识了令狐楚。令狐楚曾在朝为相，虽已年迈，但地位仍旧显赫。

令狐楚无比惜才，看到李商隐竟能作出如此优秀的诗作与文章，对他赞叹不已，不仅让李商隐住在自己家中，还让他与自己的儿子令狐绹一起读书学习。如果说那位堂叔是李商隐的启蒙老师，那么令狐楚就是他的人生导师。令狐楚教给了李商隐骈文章奏的写作技巧，对他的科考及为官都极有助益。

后来，令狐楚助李商隐得到了参加春闱的机会，但是李商隐连考三年都落了榜，这让他备受打击。据说，这三年科考主考官都是同一位，李商隐觉得自己没有考中是因为主考官做了手脚。但根据历史记载，那名考官和李商隐并没有什么过节，这只不过是李商隐落榜后的牢骚与推责罢了。

之后，李商隐偶然认识了一位洛阳富商的女儿——柳枝。柳枝从小没有受过什么闺阁教育，天真率性，活泼洒脱，又生得貌美，这让情窦初开的李商隐对她一见倾心。

自从见过柳枝后，李商隐脑海中总是浮现出柳枝的可爱模样。但是自己和柳枝并不熟悉，贸然找她表达好感恐怕会吓到她。于是，李商隐便想出一计。

李商隐有一个名为李让山的堂兄恰巧居于柳枝家附近，便让堂兄在柳枝家外大声吟诵自己所作的《燕台诗》。此组诗共有《春》《夏》《秋》《冬》四首，以一唱三叹的形式抒发了对喜欢的女子四季无尽的思念。

柳枝听后被诗作吸引，于是追出家门。那时李商隐在洛阳已小有名气，柳枝知道这些诗句出自他手，便顿生好感，取下发带让李让山带给李商隐，并约定次日相见。

二人见面后互生情愫，又约定于三日后的上巳节相聚。但李商隐并未赴约。

原来，当时李商隐准备赴京赶考，不料在上巳节前日发现自己的行李被其他学子偷走，他赶忙去追行李，所以没有如期跟柳枝会面。

后人通过分析李商隐的《柳枝五首》，认为他没有赴约的真正原因是觉得柳枝与自己不是一路人。柳枝出身商贾之家，而李商隐本就没有家世背景，若娶了柳枝，自己的仕途之路上可能又多了一块绊脚石，因此便放弃了这段缘分。

不久后，柳枝被某户官僚人家娶走做了妾室，李商隐与柳枝的情分就此结束。或许是不合适，也或许是差一点缘分，这段故事只成了李商隐感情生涯中的一个前奏曲。

之后，在《月夜重寄宋华阳姊妹》《赠华阳宋真人兼寄清都刘先生》等诗中，李商隐提到了"宋华阳"这个名字。据载，李商隐青年时期曾在河南济源的玉阳山上修习道术。宋华阳原是宫内侍候公主的宫女，随公主在玉阳山上修道。不久后，李、宋二人便邂逅了。

尽管受到礼教和宫规的束缚，二人还是经常私会，不久便双双坠入爱河。两个年轻人被爱情冲昏了头脑，约会越发频繁，在一次同游之时被公主和其余修行弟子撞了个正着。相传，那时的宋华阳甚至有了身孕。公主大怒，宋华阳被送返长安宫中，李商隐也被逐出山门，一段姻缘再次以悲剧收场。更有后人评价道：李商隐与女道士的爱情是千百年来文人中鲜有的奇遇，也是情史中的第一悲剧。

之后，李商隐又去参加了科考，却再一次落榜。他陷入苦闷中，便给自己的好友，已在朝中为官的令狐绹写信发牢骚。次年，李商隐终于考取了进士。

后来，李商隐得到机会被聘入王茂元府上成为其幕僚。

进入王府后，王茂元十分惜才，王府上上下下都对李商隐极为尊敬。李商隐十分欣喜，觉得自己终于可以一展抱负了。

当时牛李党争日盛，令狐家为牛党派，王茂元为李党派，两家在当时可以说是水火不容。而李商隐进入王茂元府中的事情早已传遍了长安城，大家都骂他是一个忘恩负义之辈。也是从这时开始，李商隐在官场中的风评变得极差。

不过李商隐在王茂元府中做事十分认真，王茂元很欣赏他，有意撮合他和自己的小女儿王氏。在一次宴会中，王茂元让小女儿隔着屏风偷偷看了看李商隐。王氏平日里就爱读李商隐的诗句，如今看到李商隐一表人才，风度翩翩，便对其芳心暗许。李商隐也被王氏吸引，不久后二人便成婚，婚后生活十分幸福。

关于李商隐的爱情故事，坊间还有很多传闻，我们已难考证。但无疑，李商隐不仅是一个才子，也懂得如何讨女孩欢心。

虽然李商隐的感情经历很丰富，但对自己遇到的每一次心动他都是认真而用心的。不过，他对待感情却不过分执着：遇到喜欢的柳枝，便用心追求，在发觉二人不合适之时又果断地选择离开；与宋华阳坠入爱河，尽管因现实而分开，也并未因此终日郁郁，更没有做出冲动之事，只是写诗纪念从前的美好；遇到心爱的王氏，他倍加珍惜，认真经营着二人的婚姻与感情。活在当下，珍惜眼前的缘分，是李商隐对待感情的智慧。

人的一生中会遇见许多人，有的人只是与我们打个照面，有的人能陪我们走一段路，这就是缘分。在感情破灭时，我们可能会去追问："为什么当初那么爱，现在不爱了？""为什么上周他还说爱我，现在却要和我分手？"这种问题就如你问别人"为什么你昨天想吃米饭，今天却想吃面？"一样可笑。爱情本来就是善变的、随机的，如果没有这样的认知，我们大概很难在感情里获得幸福。

好的感情能滋养心灵

在情场上经验颇丰的李商隐在官场上十分单纯，自从进入王茂元府中，他在朝中的名声就一落千丈。如今他又成为王茂元的女婿，与牛党和令狐家都变得势不两立。而李商隐在李党这边也不被重用，他的仕途也开始坎坷不断。

王氏从小到大一直过着富足的物质生活，李商隐渴望能做出一番事业，让妻子继续那锦衣玉食、安稳幸福的日子。于是他决定去参加吏部的考试，渴望考取一个好的官职。但最后，他只被任命了一个九品小官，而且还没等上任就又被调去河南做县尉了。这一切都是牛党在作祟。

刚到任时，李商隐看到当地的百姓因沉重的赋税生活过得十分凄惨，感受到了当时政治的黑暗。因为赋税问题，很多百姓蒙冤入狱，李商隐经常对他们手下留情。

一次，李商隐看到一个百姓被冤枉得可怜，私自为其减刑，结果受到了重罚。为官本来是为了给百姓谋福，可眼前的一切让李商隐失望至极，他自觉无力改变现状，最终选择了辞官。

后世之人对李商隐的了解大多都集中在他的无题诗和绝美的爱情诗上。但李商隐对家国政治同样有独到的见解。唐文宗驾崩后，他写下了《咏史》一诗来纪念，世人对此诗的评价极高。

几年后，李商隐仍然渴望在官场上有所作为，再次通过了吏部考试，被封为秘书省正字。但就在同一年，他的母亲病逝，他必须守孝三年才可官复原职。

李商隐再次感受到前途的渺茫。三年，足以让一个官员从名不见经传到飞黄腾达，也足以让政局发生翻天覆地的变化。未来会怎样，李商隐并不知道。此时此刻的他，除了丧母的悲痛、前途未卜的担忧，还有对妻子的愧疚。他觉得自己没能给妻子更好的生活，他怕妻子跟着自己受苦。

唐武宗即位后，李党在朝堂中占据了主要势力。但岳父王茂元因病去世，李商隐再一次失去了靠山。终于熬过了三年守孝期，人至中年的李商隐已十分疲惫。

不过，过往的这些经历为李商隐的创作提供了宝贵的财富。唐朝的诗歌向来讲究围绕某一主题和某种情感来创作，但李商隐的《无题》系列诗作打破了这一传统。

重回朝堂之后，李商隐对官场只有无奈与失望。他的《无题》系列诗作便是从这一时期问世的。有人说李商隐是借爱情写官场，其中蕴意究竟如何，或许只有他自己知道，更或许，连他自己都说不清。毕竟经历了那么多，爱情和事业早已交织在一起，塑造了那时那刻的李商隐。

唐宣宗即位后，李党势力逐渐衰弱，牛党当道，李商隐的好友令狐绹在朝中变得位高权重。朋友劝他写信给令狐绹，寻求帮助。但他觉得自己加入王茂元麾下，并娶王氏为妻，早已让令狐家对他心生嫌隙，他实在难以开口。

后来李商隐受到了郑亚的邀请，前往桂林任职，但还未到任郑亚就被贬职了。李商隐的事业再次泡汤了，他决定返回长安与妻子相聚。一日路过巴蜀，夜雨淅淅沥沥，想到某个这样的雨夜里，红烛在侧，妻子与自己共话窗边，又想到妻子在信中询问自己回家的日期，李商隐内心的思念再难压抑，即刻提笔写下《夜雨寄北》，寄给了千里之外的妻子。

君问归期未有期，巴山夜雨涨秋池。

何当共剪西窗烛，却话巴山夜雨时。

回到长安与妻儿团聚，李商隐舟车劳顿的疲惫顿时消散。好的感情和婚姻能治愈生活中的痛苦和疲惫，妻子王氏早已变成李商隐的心灵良药和支柱。

王茂元逝世后，一直锦衣玉食、无忧无虑的王氏过上了平淡的寻常生活。李商隐常年不在身边，王氏独自持家，容颜也多了些许憔悴与倦态。这一切被李商隐看在眼里，他心痛又无奈，恨自己没有给妻子好的生活，让妻子跟着自己受苦。

许久没有收入，李商隐一家的生计成了问题，挣扎良久后，他决定写信给令狐绹，希望谋得一官半职，可惜多封书信得到的只是应付和推诿。好在李商隐还有一个远亲在做官，给李商隐下了聘书，他得以去地方上做个判官。得此机会李商隐喜忧参半，他不愿与妻子分离，更不愿让妻子受苦。如今，让妻子过得幸福成了李商隐奋斗的动力。

再一次经历了长久的分别后，李商隐终于回到了长安，但王氏已经病故。李商隐心痛至极，写下了许多悼亡诗。

之后有人聘请李商隐去做幕僚，但他已经没有兴趣了。妻子去世后，高官厚禄对他而言已无用处。在李商隐最后的日子里，他卧于床榻，回想着自己的一生。那些重要的，不重要的，都如同梦幻泡影。

> 锦瑟无端五十弦，一弦一柱思华年。
> 庄生晓梦迷蝴蝶，望帝春心托杜鹃。
> 沧海月明珠有泪，蓝田日暖玉生烟。
> 此情可待成追忆？只是当时已惘然。

这首《锦瑟》成了李商隐的绝笔，也是他一生最隐晦的作品。

世人更愿意将之解读为李商隐对妻子的爱与思念。无疑，李商隐与王氏这段美好的感情既给他增添了前进的动力，滋养了他的精神，也给他的生活增添了能量和幸福感。

当下之人，时常因为工作过于忙碌，或者怕麻烦、怕受伤，就不愿交友，不愿意谈恋爱。单身的人越来越多，不愿结婚的人也在逐年增加，大家都越来越懒得处理感情带来的"麻烦事"。但有心理学研究表明：与爱人拥抱会促使大脑释放催产素，可减轻压力并增加幸福感，甚至当我们看到所爱之人的照片时，自身的压力水平也会降低，身体的疼痛甚至都会减少。爱的力量十分强大。无论是被爱，还是付出爱，都能让我们领悟到生命中更深层次的美好，这与获取金钱、赢得权力的感受截然不同。

第三辑

世界纷纷扰扰，
只留美好在心间

王维
刘禹锡
陶渊明

王维

禅意诗佛，
江南清冷俏公子

如何在竞争中智慧取胜

王维出身太原的名门望族王氏，他的母亲崔氏也出身名门，饱读诗书，还热爱佛学。相传崔氏在怀王维之时，梦到维摩诘菩萨走入房中，所以给自己腹中之子起名为"维"，字"摩诘"。

作为家中长子，王维在父亲去世之后就扛起了整个家族的担子。尽管王维的家族声名显赫，但家里失去了男主人，家族的地位大不如前。也是从这时起，王维下定决心，一定要考取功名，重振家族声望。十七岁的他只身来到长安，开启了自己的游学科考之路。

唐代，文人志士都希望考取功名，进入朝堂施展抱负。尽管人人都知宦海沉浮，但都渴望入仕。

那时的进士科考难度极大，且试卷不糊名批阅，所以考生需在科考前获得一些声望。也就是说，当时的考生一方面需要有真才实学，另一方面需要拜谒达官显贵，献上自己的名篇佳作来求得好印象，这一行为被称为行卷。

王维在诗词歌赋上天赋异禀，还精通作画、音律，是一个不折不扣的全能型才子。当时很多行卷的考生都是将自己的诗词作品献给达官显贵。但是唐代渴望考取功名的有志之人多如牛毛，大家都铆足劲写干谒作品，或者四处走访打点关系。王维有才华，也善于展示自己的才华，另辟蹊径地在科考中发挥了自己的特点与优势。

他经常与画圣吴道子切磋画技，与乐师李龟年切磋音律，通过自己在音乐和绘画方面的才能得到了岐王的赏识。岐王热爱音乐，二人在音乐上有许多共鸣和感怀，这让王维在一众干谒的文人墨客里脱颖而出。别人都在卷文采，卷诗作，卷关系，而王维用自己的音乐才华获得了仕途路上的第一块敲门砖。

岐王多次邀请王维来自己家中做客，他品读王维的诗作，欣赏王维的画作，还把王维当作自己的知己好友。听说王维要考科举，岐王便使用自己的特权帮助他登上了高台。

当时，岐王为王维精心策划了一场宴会，希望能让他得到玉真公主的赏识与举荐。在一场于公主府举办的宴会上，王维被安排扮成乐工演奏了自己创作的琵琶曲，连大名鼎鼎的乐师李龟年也将这风头让给了他。

席间热闹一片，推杯换盏中，玉真公主的目光早已定格在王维身上。岐王见状，立马向公主献上了王维的诗文。玉真公主读后十分惊讶，原来自己素日里早已读过王维的许多诗句，只是当时不知是何人所作。

回宫之后，玉真公主立即向唐玄宗举荐了王维。玉真公主每天收到的干谒诗多如牛毛，有真才实学的人更是数不胜数，但只有少数人能得到她的赏识和举荐。王维显然是这场竞争中的获胜者。或许王维并不是其中最有才华之人，但是这一场精心策划的宴会，这一次精彩绝伦的演奏，再加上岐王适时的引荐与美言，环环相扣，让他脱颖而出。开元九年春闱，王维不负众望，状元及第，任太乐丞之职。

古代科考的激烈程度完全不亚于现代的高考。当时，许多学子为了在科考中取得好成绩，也会花重金参加培训班。这些培训班通常由科举考官、名师，或者高级官员创办，为学生提供一些复习资料和课程。但由于学费高昂，有些培训班甚至要托关系才能进入，这导致只有富贵人家的子弟才有机会享受这样的教育资源。再加上行卷这一不成文的风气，使得当时的科考更加残酷、不公。

在这场激烈的竞争中，王维的胜出想必能给同样渴望脱颖而出的人一些启示：第一，要明确自己的长处和优势，并善于发挥自身的优势。进入职场后，我们要想获得某一工作机会，或者想提升自身的某项能力，主动权都掌握在我们自己手中，我们可以选择适合自己的，或者自己擅长的，学会扬长避短可以事半功倍。

第二，选择正确的赛道。王维认清了自己的现实境况和能力，他没有筹钱去参加学费高昂的培训班，也没有毫无目标地四处投递干谒诗，而是十分机智地通过优于他人的音乐才能结识了岐王。竞争最激烈、人数最多的赛道不一定是最正确的。适合自己且能明显突出个人优势的赛道才有利于我们取得成功。

第三，保持良好的心态。在激烈残酷的竞争面前，我们可能会变得焦虑且不知所措。但王维始终不紧不慢，沉着冷静地应对着一切。无论是与岐王相处，还是在玉真公主面前演奏，他从容镇定、不卑不亢，很好地展现了自己。

王维是一个情绪十分稳定的人，他仿佛生来性格中就带着一些禅意，很少大喜大悲。得知自己状元及第后，他既没有欣喜若狂，也没有变得目中无人。

初入官场时，王维只有二十出头。当时的王维并不知晓官场的复杂，更不懂宦海中的阴谋和算计。他以为只要勤勤恳恳做好自己的差事，便能在朝中相安无事。王维当时的工作主要是负责排练皇家歌舞。唐玄宗喜爱音律，所以他为官初期的日子可谓顺风顺水。

不久后,王维接到了一桩差事,需要排练五方狮子舞。在一次排练中,有一个伶人舞的是黄狮子,王维只顾着认真地观看排练,不承想有人在暗中观察到了这一切,并禀报给了皇上。按照规定,只有皇上能看黄狮子舞,于是太乐府上下都受到了惩罚。一夜之间,王维从繁华的长安被贬到了遥远的山东济州。

王维的这次失误可大可小,但官场中的一切都不止表面上那样简单。唐玄宗执政前期,为了稳固政治,打压亲王。不少人认为,王维这次被贬,其实是因为他是岐王举荐之人,而唐玄宗的这一举措,是为了敲山震虎。

但无论是什么原因,王维都是这次官场斗争中的牺牲品。

远离了长安和朝堂,也远离了那些是非与纷扰。尽管济州的官场也不简单,但王维觉得心里踏实了很多。在济州时,王维时常与妻子一同寄情山水,感受山水田园的快乐。尽管在这里只是当一个小官,王维依然保持着自己的品性,没有极力讨好济州刺史来求得升迁,只是安稳地做好自己的差事。

尽管王维因"黄狮子案"受贬,但有失亦有得。经此一事,王维懂得了要收起自己的锋芒,更明白在官场中,优秀与出众其实是一把双刃剑。"木秀于林,风必摧之。"很多时候,运筹帷幄、敛己锋芒才可能是安身立命之道。

地方官场虽不比朝廷复杂，但是阵线分明、利益直接。王维一早就看清了这一切。他不站队、不抢功、不贪利，工作之余看山水、访乡贤，终于熬满了三年，但一直没有等到朝廷召回自己的消息。此时，远在长安的皇帝和朝中官员早已忘记济州还有一个王维。济州刺史看王维清高，不肯攀附自己，也懒得向上面汇报。王维只好继续在济州等待着。

后来裴耀卿到济州任刺史。裴耀卿很惜才，也十分欣赏王维的才情，在济州任职期间，同王维一起做出了一些政绩。但好景不长，没多久裴耀卿就被调离了济州。尽管二人共事不久，但此次与裴耀卿的相识，对王维的影响十分深远。

继裴耀卿之后新到任的刺史性格古怪，与王维不是一路人。王维感到心力交瘁，不愿再苦熬下去，于是写了一封辞书，挂冠而去，脱离官场，开始了自由闲居的生活。

王维这一生，不止辞了这一次官。

开元十四年，唐玄宗泰山封禅后大赦天下。次年，王维离开济州，被召回长安做官。再次回到朝堂中的王维与之前判若两人，回京后的光景也与之前大不相同。与其说他变得更沉默了，不如说是他主动选择了沉默。尽管才华横溢，他还是收敛住锋芒。若不想成为别人的眼中钉，首先就要少出现在别人眼中。

时过境迁，此时的王维早已不是当年那个红极一时的状元郎。早年亲近过他的王公贵族也各怀心思，与他的来往日渐减少。许多官场故交都忙着自己的仕途，无暇念及这个"旧僚"。所以王维也时常紧闭自己的家门，不与他人有太多的交集。

众人常说："耐得住寂寞，才能守得住繁华。"是否繁华未可知，至少藏于人后、掩于人海可以避开许多祸患和伤害。面对朝堂中的内卷与斗争，审时度势选择不卷入其中，也是王维留给我们的智慧。

无论是古代官场还是现代职场，因为有竞争关系，所以都存在一定的站队、拉帮结派等现象。之所以会这样，是因为有的人只注重自身的利益和发展，渴望通过拉帮结派来提高自己的地位和影响力，获取更多的资源和利益。这样的人通常比较缺乏原则，害怕独自面对风险，也无法在竞争中进行独立的决策，只秉承着"背靠大树好乘凉"的想法。除了上述原因，喜好站队和拉帮结派的人还往往更有从众心理，只有与人为伍、时常混在团体中才让他们有安全感。

像王维一样，还有很多人被站队和小团体现象弄得焦虑不已。不站队，怕得罪人，被孤立；若站队，又怕站错队，自己也遭受牵连。

通过"黄狮子案"，王维已经有了经验教训。再次回到朝中，他没有与任何人或党派过分亲近，众人对他也少了许多防备和关注。如此一来，他不仅可以明哲保身，也可以专心地发展自己的兴趣爱好，丰富自己的精神生活。

　　一个精神世界富足的人从不会因为远离了群体就感到寂寞。在这些日子里，王维在长安城郊的大荐福寺潜心修行，向道光禅师求道问禅。或许是从小受到母亲的熏陶，王维对佛学很感兴趣，而且当时的经书措辞优美，也吸引了热爱文学的王维。除了朝堂中事，听山间清泉，享林间清风，吟诗作画，诵经念佛，皆是王维生活中的重要组成部分。生活变得丰富后，许多烦恼自然就慢慢消除了。

　　无论处于何种竞争环境中，不断地充实自己，懂得审时度势，有目标、有方向地付出努力，比盲目地随大流和慌张地行动更为重要。

有点个性，
才能活得自在快乐

　　王维才华出众，在很多方面都有极高的艺术造诣，因此一生中受到了很多人的赏识，也结交到了不少欣赏他的至交好友。

"红豆生南国,春来发几枝。愿君多采撷,此物最相思。"很多人误以为这首《相思》是王维为爱情所作,其实这是王维写给挚友李龟年的。这首词被李龟年演唱后,轰动一时。

王维初入长安之时就与李龟年相识了。当时岐王赏识王维,王维是岐王府的座上之宾,而李龟年是著名的乐师,常去岐王家中演奏。二人同在音乐上有所造诣,一来二去,便成了好友。这份情谊也绵延了他们的一生。安史之乱后,李龟年流落在江南卖唱,大多时候都在演唱王维的作品。

王维与裴迪的友谊更是一段佳话。裴迪也热爱诗词文学,同样留下了许多山水田园诗的传世佳作。裴迪十分崇拜王维,曾在王维危难之时拼尽全力地解救过他。

很多人都觉得王维是一个极其幸运的人,众多文人雅士磕破脑袋都结交不到的权贵总是对王维青睐有加。王维曾受到张九龄和裴耀卿的提拔,出任右拾遗。裴耀卿曾在济州与王维共事,而时任中书令的张九龄同样惜才,时常与王维探讨诗词歌赋,两人成了忘年之交。

身为右拾遗要经常与皇帝接触,这让王维再次恢复了斗志,希望能为皇帝分忧,为百姓造福。王维满怀热忱地工作了七个月,对现在的职位已经驾轻就熟,心情也无比舒畅。

可惜朝堂之中早已暗流涌动,同年十一月,政局突变,张九龄、裴耀卿一起被罢相,李林甫趁势坐上了宰相之位。

之后，作为张九龄一派的王维也被李林甫视为眼中钉。但李林甫不好直接处置王维，于是先让他担任监察御史一职。

这一官职调动明升暗降。监察御史的工作是监察百官，而李林甫当政，朝中重用的皆是他的心腹，如此安排让王维成为一个摆设。尽管感到心灰意冷，但王维早已习惯了朝堂中的苟且和不堪。

之后，王维一有机会就出差，一有空就参禅问道，不再把心思放在朝中之事上。其实，王维的才能有目共睹，如果他愿意低头，有许多功名利禄等着他。但王维有自己的个性和原则，没有人能强迫他做不愿意做的事情。他这样的个性和人格魅力也赢得了许多高官权贵的赏识。

几年后，王维终于再次得到机会，以保家国平安之名去了凉州。王维这一次远行不仅为自己的生活拉开了新的帷幕，更为中国的边塞诗添上了精妙绝伦的一笔。

他站在广阔苍凉的沙漠上，眺望远处无尽的天空，一轮夕阳渐沉。脚下的土地虽然陌生，但是王维感受到了前所未有的踏实。

"大漠孤烟直，长河落日圆"，边塞诗中的神来之笔就此诞生。这首《使至塞上》让后人感受到了王维心中的另一片旷野，悠然沉静的人并非胸无大志，也绝非没有汹涌的感情，只是习惯了将一切藏于心中。

边塞的开阔与豪迈为王维的创作开辟了新的天地，除了《使至塞上》，在边塞的这段时光里他还留下了众多惊艳文坛的边塞诗，一直流传至今。

此次边疆之行，让王维和河西节度使崔希逸建立起深厚的友谊，后来崔希逸被迁往内地，令王维失落不已。

之后，王维再次回到朝中，一切都没有太多改变。官场不会因为多了一位廉洁奉公之人而变得清明，也不会因为多了几个贪官污吏而变得完全黑暗。

与朝堂"分分合合"多次，王维的疲惫之心难以掩盖。虽然心有万般抱负，但若要牺牲傲骨，苟且做人以求万千名利，他宁可辞官隐居。这大概就是王维的魅力，不愿为名利苟且，不愿为现实低头，始终保有一些自己的个性。

王维再一次有了辞官的想法，纠结为难之际，他写信给张九龄，表明了自己的心意与苦闷之情。

张九龄收到信件后即刻回复。他既是王维的贵人，更是王维的知己。他在信中告诉王维，尽管为官之路多艰辛坎坷，但如果能在朝中多占一个位置，那么朝中便会少一个坏人。

当时的王维早已心力交瘁，他虽然认同张九龄说的话，但再也不愿为这样的朝廷效力。于是，岁至中年的王维在终南山脚下置办了一栋别业，开启了亦官亦隐的生活。尽管官场中的种种不能如自己所愿，但生活还要继续。

终南山自古山气苍翠，仙气缥缈，据说有许多修佛修道之人都在此修行。来到终南山后，王维更加专注自己的内心世界，他放下了许多世俗的杂念和欲望，纵情于山水之间，流连于别业之中，研究字画、佛学。朝中的许多官员不理解王维，觉得他浪费了才华和机会。但在王维眼中，为了追逐功名利禄而随波逐流，违背自己的本心，才是真正的痛苦。

山中的生活无比自在，王维时常独自在山中信步闲走，那种快意自在的感觉大概只有他自己能心领神会。一日王维信步林间，不知不觉中，走到了溪水的尽头。见此情状，王维心想既然已无路前行，便席地而坐吧。他抬头看天，刹那间，天空中风起云涌，变化万千。那一刻，他的心灵前所未有地开阔，万千顿悟油然而生，不由得感叹道："行到水穷处，坐看云起时。"人生的困境总有尽头，若能以一种平和的心态去接纳世间的种种，便可享受一切美景和自在。

比起名利场上的推杯换盏，别业中的清明闲适才是王维真正的心之所向。居住别业期间，自己不喜欢的官员前来拜访，他都统统拒绝。也有人请他返回朝堂，给他加官晋爵，他也毫不理睬。

后来，他觉得终南山别业有些小了，索性花费半生积蓄在辋川买了一处别墅，将其打造成了一个可耕、可渔、可植、可赏的综合型园林。裴迪经常来辋川别业与王维赋诗共饮。

春花秋月，夏蝉冬雪，有美景和友人相伴，王维的烦恼都如云烟般消散。

后来，王维用极其精湛的画工为自己的辋川别业绘制了一卷《辋川图》。此图一出，辋川别业更加令人神往了。他还与裴迪在辋川别业中寻了二十处美景，专门为这些景致作诗记录，编写了《辋川集》。

可惜，这样的美好生活还是被打破了。安史之乱爆发，安禄山叛军攻占长安，唐玄宗带着贵妃连夜逃走，只剩下忧虑的官员和胆战心惊的百姓。王维目睹着这一切，慨叹万分。

朝中的部分官员为了自保，连夜出逃，但是也有爱国大臣冒死守护着城中的一切，王维便是这些爱国人士之一。不久后，安禄山抓捕了数百名官员押往洛阳，其间许多人选择投降，没有投降的人则几乎全部被杀。

王维的才华在当时无人不知，安禄山看中了他的才思与盛名，希望他可以归顺自己，借他在文坛的影响与地位帮助自己建立新的朝政，但王维始终不从。

但是，眼看着和自己一起被捕的诸多官员都在为叛军卖命，王维渐渐心灰意冷。安禄山也逐渐失去了耐心，开始以死相逼。他胁迫王维如果再不归顺，便要了他的命。若孤身一人还好说，但王维还有家人和好友，这一切都令他太过牵挂。他不怕死，但是他的心中还抱有希望，觉得叛军终将被平定。

眼下已无计可施，王维带着心中那一丝希望屈辱接诏，接受了安禄山任命的官职。

后来，唐军果然收复了洛阳，在安禄山手下做过官的官员都受到了严惩。尽管王维当时的官职只有虚名，但他仍然被朝廷收押，等候发落。

王维的弟弟也在朝中做官，他设法散播王维在被监禁时所作的《凝碧池》一诗，企图为哥哥赚得一些舆论支持。这首诗也传到了唐肃宗的耳朵里，他看到王维被俘期间仍然心忧家国，再加上其弟愿意为兄长削官赎罪，决定赦免王维。

但是，接受伪官这件事成了王维心中的一根刺，后来他多次上书朝堂，希望能把自己在终南山的别业施为佛寺。就这样，王维告别了与自己相伴了十六年的别业，也告别了自己的过去。

761年，王维病逝于蓝田，与母亲同葬在辋川的寺庙中。一代诗佛就此化作明月清风，在声声佛经中远去。在才子数不胜数的大唐，王维是一个特别的存在，一不高兴就辞官了，再不高兴就躲起来。他不在意自己是否与别人同步，更不在意别人如何看待自己。始终保持着自己的个性，不迎合大众，不取悦别人，是王维自在快乐的不二法门。王维不仅在行事作风上遵从自己的个性与喜好，他的诗风也因为富有佛思和禅意自成一种风格，成为中国诗坛中不可或缺的瑰宝。

其实，在生活中，有很多时候我们难以抵抗外界的影响，也很难真正地做自己。就像许多人明明不喜欢快节奏的生活，却因为看到别人在努力，就紧随其后；看到身边的朋友或同事在考某一个证书，担心自己落于人后，就也去考证书；看到身边的人都在考研、考公，便也转变了自己的梦想和目标，去考研、考公。

这种渴望与大多数人保持一致而改变自己态度和行动的行径，是从众心理在作怪，每个人或多或少都有过。如果我们长期持有这样的心理与行为，可能会影响我们的个性发展，阻碍我们的成长。而我们若能保持自己的个性和思考，不恰恰可以脱颖而出吗？

时常保持着自己的个性，会让我们在社交中更容易被区分和记住。或许有人会觉得从众或顺着他人的心意说话做事更容易赢得他人的好感，但事实上，一个拥有独立思想、有原则的人才更容易获得他人的欣赏和尊重。

不要害怕自己与他人有不同的选择，保持自己的个性，了解自己内心真正的想法，直面自己的内心，我们的身心才会变得舒畅。毕竟，做他人认可的事情远不如做自己认可的事情开心。

刘禹锡

百折不挠，雾尽披天总乐观

稳定的内核，能让不公与小人都无可奈何

刘禹锡，字梦得，出生于苏州嘉兴，祖上七八代都曾入朝为官。据说，刘母在四十岁时才怀上刘禹锡，而且时常梦到自己怀的是儿子，故为其起名梦得。

刘禹锡幼年时，父母便教他学习经史子集，大一点后送他去苏州拜韦应物为老师。刘禹锡二十一岁时便考中了进士，同年又考取了博学宏词科，两年后再擢吏部取士科，授太子校书。短短三年连中三科，当时的刘禹锡可谓风光无限，羡煞旁人。

年少及第的刘禹锡在登科后写下了："丈夫无特达，虽贵犹碌碌。"他认为，如果一个男子没有高尚的情操和优秀的品德，就算拥有再多的财富与权力，也是碌碌无为的。

刘禹锡的才学，众人有目共睹。初入朝堂，他便结识了太子侍读王叔文，还得到了杜佑的赏识，在其幕府中担任掌书记。后来，杜佑讨伐徐州叛乱失败，刘禹锡回到长安受任监察御史一职。

可"木秀于林，风必摧之"，官场复杂，刘禹锡早已成了许多人的眼中钉。

几年后，年仅三十三岁的刘禹锡已经走进了唐朝的政治中心，不仅位高权重，还娶了京兆水运使的女儿薛氏为妻。

据载，此时的刘禹锡每天工作时需要处理的信件多达上千封，不仅要一一看完，还要认真回复，每天用来糊信封的糨糊就要一斗面。但是，比起做一个位高权重的高官，刘禹锡更在意自己能否做一位好官。

唐顺宗执政期间，宦官当道，藩镇割据，百姓身上的赋税重不可担。为了打击宦官势力，革除政治积弊，以王叔文、王伾、刘禹锡为首的十位官员在永贞元年正月开展了一场革新，史称"永贞革新"。

可好景不长，同年八月，宦官集团与一些藩镇节度使内外呼应，迫使顺宗禅位于太子李纯，即唐宪宗。宦官得势，新帝立即废除了新政，并开始清算革新派。王叔文、王伾被放逐，刘禹锡、柳宗元等八人被贬去边州做司马。永贞革新就这样黯然收场了，后人称此为"二王八司马"事件。

刘禹锡本被贬为连州刺史，但在去往连州的途中又收到自己被贬为朗州司马的通知。朗州地处偏远，十分贫苦。《新唐书·刘禹锡传》中记载道："朗州地居西南夷，土风僻陋，举目殊俗，无可与言者。" 深秋时节，刘禹锡踏上了这片生疏的土地。尽管语言不通、风俗僻陋，但刘禹锡没有因此而焦心。他仍旧渴望有机会回京，渴望为朝廷分忧解难。站在高处看着鹤鸟直冲云霄、推开云层，刘禹锡高声吟诵道：

自古逢秋悲寂寥，我言秋日胜春朝。
晴空一鹤排云上，便引诗情到碧霄。

刘禹锡从繁华的长安跌落到这蛮夷之地，没有一蹶不振，而是逐渐融入当地，开始感受这里别样的风土人情。朗州崇尚巫术，每次修葺祠庙时都会击鼓舞蹈，唱的大多是通俗的歌曲。刘禹锡也时常参与其中，并会写新词教这里的巫祝歌唱。因此当时朗州人唱的许多歌都是刘禹锡作的词。在朗州的十年里，刘禹锡潜心研究诗词，创作了大量的作品，为唐代文学不断添砖加瓦。

据说，朗州就是陶渊明笔下桃花源的所在地。初春时节，微风和煦，刘禹锡还写下"绿水风初暖，青林露早晞"的诗句寄给柳宗元，遥赠他朗州的一片春光。

刘禹锡是一个内核极其稳定的人，无论身处何地、何境，他都能找到属于自己的位置，认真过好自己的生活。无论世事如何变迁，他的内心岿然不动。

刘禹锡第二次被贬于今天的广东省连州。来到这里后，他仍然面临着风俗迥异、语言不通等问题，但他早已习惯去适应新环境。

连州百姓听闻新到任的官员以前是朝中重臣，且诗赋极佳，都十分敬佩他。刘禹锡刚刚到任，就有自称是"进士"的年轻小伙上门拜访。之后连续好几天，又有很多"进士"来拜访他。刘禹锡惊诧于连州有如此多的进士，后来才知道，连州地理位置偏僻，与外界联系较少，教育、文化都十分落后。这里的人以为只要读过书，都可以被称作"进士"。听闻这些，刘禹锡不免感到滑稽，却又心酸不已。

作为连州的地方官，他不忍看到这些民风淳朴的百姓过着如此滞后的生活，于是修建了许多茅草屋作为学堂，自己白天处理政务，晚上就在草屋里教书。渐渐地，这个小城也有了越来越浓的文化气息。连州百姓十分珍惜这样的学习机会，不久后城里便出了有史以来的第一位进士——刘景。据载，连州历史上共有进士一百三十八人，在宋朝时获得了"连州科第甲通省"的美誉。

除了在诗作上有敏捷的才思、在政治上有造福百姓的作为，刘禹锡还喜欢研究医学。此前在朗州时，他听闻好友柳宗元身体抱恙，便给他寄了一个药方。后来连州爆发时疫，他又在柳宗元的帮助下，研制出了治疗疫病的方子。之后，刘禹锡编写了医书《传信方》，在当地百姓中流传开来。

而且，刘禹锡关心瑶民，为当地少数民族的发展做出了很大的贡献。考虑到连州的地理位置不佳，他便重新疏浚、修缮了海阳湖，不仅开创了岭南园林艺术的先河，还加强了与湖南、广西等相邻地区的联系。这座原本落后的小城连州在刘禹锡的治理下，逐渐在中国版图上有了越来越多属于自己的色彩与光辉。

从永贞革新失败，到得罪权贵二度被贬，我们很少在刘禹锡的诗中看到他抱怨过什么。或许他也偶感伤怀，但他在诗作中所表达的多都是豁达积极的开阔心境。刘禹锡仿佛是一个局外人，淡然地接受命运带给他的一切起伏与磨砺。

古代的文人墨客时常将自己的惆怅和苦闷寄于山水之中，或抒发在文章之中。但刘禹锡的山水诗没有萧瑟之气，多是超然于外、半实半虚的宏大景象。

王国维说："一切景语皆情语。"大概是因为刘禹锡的心中自有一番旷野，所以在他的眼中，云朵、花草皆伟岸。

有远大理想的人，不会被现实的不公、小人的陷害困住手脚。只要心如磐石，认真谋事，在哪里都能找到自己的舞台。

或许刘禹锡自己也没有想到,他在连州的四年里所做的政绩会被后人称颂千年。而那些锦衣华服的朝中新贵早在夜夜笙歌的日子里被历史遗忘了。

在现实生活中,我们时常因为一时的不公和坎坷就否定自己,否定这个世界。但人生是一次长跑,暂时的落后和一两次摔跤并不代表什么。

拥有稳定的内核,让刘禹锡在面对他人的反对和外界的阻挠时始终坚持着自己的信念。面对各种奸诈小人的陷害和刁难,刘禹锡没有怒发冲冠,而是机智地化解;面对命途多舛的人生,他也从不妄自菲薄。

在心理学中,内核是指我们内在的精神力量和价值观体系。内核稳定是指一个人对自我有着清晰明确、相对稳定的认知,明确自己的核心需求和目标,意志力坚定,不会轻易受到他人的影响从而怀疑自我,也不会因别人的否定而改变自己。简单来说,就是在日常生活中能做到情绪稳定,能接受挑战,心有定力。

但在现代生活中,网络高度发达,信息传播速度加快,我们接收到的信息也变得纷乱繁杂,时常会受到他人评价和价值观的影响。别人三十岁已经有房有车了,我却什么都没有。别人都又瘦又美,我是不是也应该减肥了?同事聚餐我不知道该聊些什么,内向的我会不会显得不合群?这些想法总会让我们的内心产生波动，心情低沉，甚至陷入自我怀疑中。那么我们如何才能做到内核稳定，不易受外界影响呢？

第一，构建清晰的自我认知与稳固的价值观，了解自身的优缺点、明确人生目标与价值观，如此才能在面对外界诱惑与压力时坚定信念。

第二，合理地分配自己的时间。把生活中的大部分时间用在自己身上，无论是提升自我还是享受生活，不要过分关注他人和外界。沉迷于浏览社交软件和短视频也会影响我们的情绪，甚至会让我们变得焦虑。

第三，建立有节奏的生活秩序。比如在一个时间段内制订一些计划：每周运动多久，提升哪些技能，培养什么新的兴趣爱好，等等。毫无规划和秩序的生活会让我们丧失对自我和生活的期盼与信心。反之，如果我们能在一段时间内完成自己预期的一个小目标，我们的自信心和生活积极性会大幅度提升。"达成"这个动作和信号对我们的心理建设起着至关重要的作用。

第四，保持积极开放的心态，了解并接纳人与人之间的不同。我们可能会听到不同的声音，看到自己无法理解的行为，这都是正常的。我们无须因此而质疑自己，指责他人。我们虽然是一个个渺小的个体，但需要拥有一颗广阔博大的心来接纳世界的不同模样。这样当我们面对众多挑战和压力时，才能更加从容地应对。

无论处于人生的哪个阶段，我们都要建立起稳定的内核，只有内心岿然不动，才能稳健地继续前行。

历尽千帆，
如何依旧乐观

在被贬的第九年，刘禹锡终于和七位散落在边州的司马一起被召回长安。此时的刘禹锡已经四十余岁，但依然朝气蓬勃。正值春光明媚，被贬的几人齐聚长安，听说玄都观的桃花开得甚好，便约定一同前去游览。

此次游玩刘禹锡的心情十分畅快，作了一首诗——《元和十年自朗州至京戏赠看花诸君子》，又称《玄都观桃花》。此诗一出，很快传遍京城。其中一句"玄都观里桃千树，尽是刘郎去后栽"调侃意味十足，刺痛了当朝许多新贵。于是，刘禹锡再次被贬。

这一次，刘禹锡被贬到了更加偏远的播州。播州不仅远离长安，物质资源极其匮乏，且时常发生战乱。还在朗州时，刘禹锡的妻子就病故了，他现在要独自照顾三个儿女和家中年迈的母亲，负担很重。

好友柳宗元孤身一人被贬至柳州，不忍心看刘禹锡带着一家老小去困苦的播州，便上书恳求调换两人的贬谪地，但被驳回了。后来裴度以刘禹锡的老母亲已经日薄西山，有违孝道为由，说服了唐宪宗，把刘禹锡换到了广东的连州上任。在众多好友的帮助下，刘禹锡总算躲过一劫。就这样，柳宗元和刘禹锡结伴去往各自被贬之地。两人看着一路的山山水水，与长安渐行渐远，感慨良多。昔日二人立誓要在朝堂上做出一番政绩，如今却只有路边的野草相伴，天上的流云相送，此情此景，只能同叹一句："世道艰难！"

二人走到分别的路口时，尽管柳宗元性格孤傲，却一直把刘禹锡当作最亲近的人。"信书成自误，经事渐知非。今日临岐别，何年待汝归。"一首《三赠刘员外》透露出柳宗元内心的万千不舍。

尽管相距几百里，但在连州之时，刘禹锡依然和柳宗元保持着书信往来。后来，柳宗元在柳州去世，他将自己的儿女和一生的文稿都托付给了刘禹锡。同年，刘禹锡的母亲病故，他离开连州，返乡归葬母亲。

唐宪宗驾崩后，刘禹锡被任命为夔州刺史，这算是一次升迁。到夔州后，刘禹锡秉持着一贯的积极认真的作风，写下了《夔州利害表》上报给朝廷，对地方政策的利弊进行了分析评论。因为喜爱当地的民歌《竹枝词》，他依调填新词，创作出十一首充满生活气息和鲜明民俗特色的《竹枝词》。

"东边日出西边雨，道是无晴却有晴。"流离大半生的刘禹锡，无论身处何处，看待万事万物依然能眼中含情。都说在经历坎坷后，人会变得消沉、冷漠，但刘禹锡始终保持着对生活和世界的热爱。

几年后，刘禹锡被调任到和州做刺史。此时他已远离政治中心多年，但朝中权贵仍旧将其视为眼中钉，那些趋炎附势的地方官也因此对他百般刁难。

转任途中，刘禹锡将洞庭湖的秋日美景尽收眼底，不禁吟诵道："遥望洞庭山水色，白银盘里一青螺。"后来还有许多描绘洞庭的诗作，但都很难超越刘禹锡的这首《望洞庭》。观山水有三重境界：看山是山，看水是水；看山不是山，看水不是水；看山只是山，看水只是水。此时的刘禹锡，不再把自己的喜怒哀乐映射于山水万物中，达到了"看山只是山，看水只是水"的第三重境界。能感受到自然万物的真谛，所以他笔下的洞庭湖才如此生动美妙。

据传，此次到任和州，刘禹锡被当地主政官刻意刁难，只有三间临江的小房子可住，简陋到甚至没有门。刘禹锡并未因此抱怨和生气，反而在自家的门框上贴了一副"面对大江观白帆，身在和州思争辩"的对联，隐晦地表达了他对政治斗争的态度。

　　主政官听闻后，变本加厉，立即下令刘禹锡迁至城北门一间面积只有之前一半大的更加简陋的房屋中。主政官以为这次刘禹锡一定会愤怒难受，得意极了。可几日之后，主政官身边的小吏告诉他，刘禹锡非但没有生气，还在自己的一亩三分地上开始读书、练字。主政官不甘心，再次将刘禹锡迁至一个只能容纳一张床、一张桌子和一把椅子的狭小空间内。

　　这一次，刘禹锡创作出了名垂千古的《陋室铭》，并将这篇文章刻成石碑，立于门前，以此回应那些试图让他低头的人。五十多岁时，刘禹锡终于在裴度等人的帮助下，回到长安任职。在唐朝为官的诗人中，这个年纪的白居易已经习惯了官场的虚伪和黑暗，这个年纪的王维也看透了宦海的沉与浮，潜心向佛；这个年纪的刘禹锡已经被贬在外二十余年。后人时常调侃，刘禹锡的一生不是被贬就是在被贬的路上。

　　再归长安，刘禹锡又来到了玄都观。偌大的庭院一半已被青苔占满，从前明媚如霞的桃花早已开尽，他不禁再次作诗感叹：

　　　　百亩庭中半是苔，桃花净尽菜花开
　　　　种桃道士归何处，前度刘郎今又来。

以前那些辛勤种桃花的道士如今到哪里去了呢？之前被贬出长安的我——刘禹锡又回来了！

此时的刘禹锡已不再是当初的少年模样，但仍旧意气风发。从前那些打击革新运动的当权派现在都不见了踪影，而"我"这个被排挤的人如今又卷土重来了！还好，这一次的诗作没有传开，刘禹锡也没有因此受到什么影响。

之后，五十多岁的刘禹锡回到了家乡，担任苏州刺史。任职期间，他赈济灾民，为百姓减免赋税，还大力修建水利工程，受到了当地百姓的爱戴。

晚年的刘禹锡定居在东都洛阳，过起了闲适悠然的生活，时常与好友白居易、裴度等人游园聚会。时值暮年，刘禹锡为了保护自己的眼睛，不再读那么多书了。他还经常艾灸，疗养自己的身体。尽管感受到自己的身体每况愈下，他还是大声道出："莫道桑榆晚，为霞尚满天。"时间的印记仿佛只留在了刘禹锡银白的双鬓间，并没有刻在他的心间。在他生命的最后阶段，编写了自传《子刘子自传》，其中仍在为永贞革新辩护。

纵观刘禹锡的一生，我们会发现他并不幸运。年少三登科第，本该在朝堂中大展宏图，但大唐的政殿中始终没有留给他位置。刚进入朝廷，屁股都没坐热，刘禹锡就开始了二十余年的贬谪生涯。二十余年，对一个古人来说，是近乎半生的时光。但面对这糟糕的境遇，刘禹锡并没有就此低迷不振，而是尽职尽责地造福百姓。他关心朋友，热爱生活中的一切。同为被贬之人，刘禹锡努力地让生活充实快乐，柳宗元却终日忧郁，导致身体每况愈下。美国有一项研究表明，活到百岁的长寿老人大多数都属于乐天派。在另一份权威组织的报告中，抑郁症被视为未来最危险的疾病之一。可见，乐观积极的心态是身体健康、寿命绵长的必备条件之一。

但并非每个人生来都是乐天派，乐观正向的性格一部分源于基因遗传，一部分源于后天的养成。从刘禹锡身上我们可以学到很多，如果你也想时刻保持乐观，那就要做到以下几点：

第一，学会接受现状。多次被贬，刘禹锡一次都没有陷入悲伤和愤慨中，而是坦然地接受自己的境遇，并努力开始新的生活。面对人生的变故，"接受"是一件很难的事情。恋爱分手、考试失败、工作不顺，面对这些情况时，很多人的第一反应可能都是"为什么会这样？""如果当初……"。但时间不会倒流，此时最应该做的是接受和面对。

第二，转移自己的注意力。被贬之后，刘禹锡大部分时间都在研究诗词、医学，以及如何为百姓造福。一项有关人脑的科学研究表明，人的大脑无法同时专注于两件事情。也就是说，你在专注做一件积极之事时，你的大脑就无法继续悲观地思考。如果我们能够不沉浸在消极的情绪中，而学会用更有价值的事情转移注意力，久而久之，正向、乐观的情绪将会覆盖我们的生活。

第三，学会感恩与赞美。刘禹锡珍惜自己身边的每一位朋友，也感恩朋友们在危难之时对自己的帮助，他从没忘记过他人对自己的好。不仅如此，刘禹锡还会写诗赞美大自然馈赠的美景，并与好友共同分享。这些都成为正向的循环，让他在遭遇坎坷的经历后仍然能发现生活中的诸多美好。加拿大的一位心理学家发现，每天仅需写 5 分钟的感恩日记，就能提高 10% 的幸福感。因为这样的记录能让我们意识到在生活中所获得的恩惠，从而忘掉痛苦和疲倦。

除此之外，建立良好的社交关系，关注美好的事物，进行积极的自我暗示等都可以帮助我们培养乐观的心态。乐观的心态会让我们的生活越发顺遂，因为人生中的诸多幸事往往是因为先相信才能够看见。

陶渊明

明彻达观，
隐世独立自清香

遵从本心，
是快乐的开始

"采菊东篱下，悠然见南山"是绝大多数中国人对田园归隐生活的向往。不知如何描绘美好生活时，很多人便会说，就像陶渊明诗作中那般。

陶渊明生于公元约365年，名潜，字元亮。因他在《五柳先生传》里写"宅边有五柳树，因以为号焉"，所以后人也称他为"五柳先生"。

据载，陶渊明自幼修习儒道思想，且少年时就接触过道家文化，不满十六岁时就已开卷有得，琴棋诗书都不在话下。因幼年丧父，陶渊明儿时的生活并不富裕，有时甚至食不果腹。但受其祖父和曾祖父的影响，他自小就立志长大后要做一个好官。于是，陶渊明在二十岁时便开始了他的游宦生涯，既为了理想,也为了生计。

可惜他的为官之路并不顺畅。陶渊明在《饮酒》其十一诗中写道:"在昔曾远游,直至东海隅。道路迥且长,风波阻中途。"在游宦的前九年里,陶渊明曾为了生计出任着一些已无法考证的低级小官,直至二十九岁才担任江州祭酒一职。

为官期间,陶渊明非常勤勉。一方面他心怀理想,另一方面,家中还有母亲需要自己奉养。可惜,他那不争气的领导——江州刺史,经常让他有心无力。

此时的江州刺史是王羲之的次子王凝之。王凝之没有王羲之的才干,他在为官从政上没有什么兴趣和能力,只热衷于研究"五斗米教"教派之事。这是早期道教的重要派别之一,入教之人都要上交五斗米,故而得名。

尽管有满腔热血和远大理想,但面对痴迷道术的领导,陶渊明也无可奈何。加上当时东晋危机四伏,动荡不安,陶渊明最终选择了辞官归家。

在归家的这段日子里,陶渊明的第一任妻子病故,于是他又娶了翟氏。翟氏勤劳温婉,并且和陶渊明志趣相投。有可心的妻子与自己举案齐眉,本就热爱田园生活的陶渊明更加眷恋自己的家乡了。这一归家,便待了六年。此时陶渊明三十有余,是五个孩子的父亲。全家的生活重担都扛在了他一个人身上,他需要找工作来养家糊口。

后来,陶渊明加入桓玄的幕府。桓玄野心勃勃,有雄才大略,也有谋反之心。陶渊明看穿了桓玄的心思,时常深感不安。任职两年后,陶渊明以母亲去世为由再次辞官,回到浔阳居丧。

三年丁忧期满后,陶渊明仍然渴望再度入仕。但是,陶渊明的为官理念与许多文人都不同,别人是想方设法地求官做,他却还要选官,一旦他觉得前途无望、官职不合脾性,他立马就辞官。

尽管陶渊明的物质生活远比许多文人都贫苦,但他并没有因此向现实低头。有志向,就去追;工作不满意,就换——这仿佛是陶渊明一贯的作风。如今看来,陶渊明的潇洒稍显任性,但我们很少会在他的生活和诗作里看到抑郁和苦闷。

之后陶渊明投奔了刘裕,谁知刘裕的野心完全不亚于桓玄。于是,陶渊明毅然决然地投奔了刘敬宣——刘裕的对家,很快又辞去了职务。陶渊明的仕途之路再次受到了挫折。而此时的东晋政权也在战乱中摇摇欲坠。

看着混乱不堪的局势和仍没有着落的自己,陶渊明并未像旁人那般,写一些壮志难酬、忧国忧民的凄凉诗句。他开始考自然万物的规律,诗风依旧平和淡然。但这种风格的诗作在东晋时期并不盛行,很多人根本看不上他的作品,觉得他的遣词造句充满着农夫气息,过于朴素简单。

陶渊明处在一个喧嚣激荡的时代,但此时的他既不能实现匡时济世之志,又不能退至超然物外之境。这一阶段陶渊明内心十分矛盾,也充满疑虑,他渴望的美好生活和社会安定到底什么时候才能实现呢?

四十一岁时,陶渊明再一次入仕为官。为了方便养家,他就在离家不远的彭泽县当县令,县里有一百亩的公田,可以由陶渊明自己支配。

陶渊明爱酒之深,与诗仙李白不相上下。据说,陶渊明在某次酿酒之时,郡将前来探望,恰逢酒熟,陶渊明顺手取下头上的葛巾过滤酒,过滤完仍将葛巾罩在头上。这个传说故事能看出他不拘小节的性格特点。

得知能自由支配一百亩地,陶渊明的第一个想法就是将田地全部种满可以酿酒的秫米。妻子听后非常不悦,最后夫妻二人商议,一半田地种酿酒的秫米,另一半种粳稻。

同年冬日,郡太守派了一名督邮来彭泽县视察。督邮官位不高,却有些权势,接受视察的官员的好坏全凭他在太守面前的说辞。许多人忌惮他,所以他傲慢无礼、颐指气使。

这一次督邮刚到彭泽,就马上叫来身为县令的陶渊明见他。尽管陶渊明不情愿,但出于礼节还是准备动身前去迎接。怎料,他刚起身,小吏就拦住了他,说:"大人,参见督邮要穿官服束大带,不然有失体统。如果督邮趁机大做文章,会对大人不利的!"陶渊明早就对官场中的溜须拍马之风厌恶至极,那一刻他再也忍不了了,当即摘了乌纱帽,长叹道:"我不能为五斗米折腰。"说罢,便立即写了辞职信,扬长而去。

这是陶渊明的第五次入仕,为期仅八十余天。

也是在这时,他写下了著名的《归去来兮辞》。

归去来兮,田园将芜胡不归!既自以心为形役,奚惆怅而独悲?悟已往之不谏,知来者之可追。实迷途其未远,觉今是而昨非……

欧阳修后来评价这篇千古弘文:"晋无文章,惟陶渊明《归去来兮辞》一篇而已。"

此时的陶渊明虽已四十多岁,但属于他的生活才正式开始。世人心中的陶渊明式的生活基本是指归隐田园后的那些时光,因为只有从归隐开始,陶渊明才开始了真正顺从本心的生活。

王阳明曾说:"乐是心之本体,虽不同于七情之乐,而亦不外于七情之乐。"大意是:真正的快乐源于本心,不同于物质,但是也不矛盾。只要我们能够遵从自己的本心,顺应自我内心深处的想法,无论是追求物质,还是淡泊名利、无欲无求，都能感到喜悦与满足。

庄子在《至乐》中提到，人生最大的快乐，是顺应本性的快乐。在心理学中，每个人内在都有一个真实的自我和外在的自我。真实自我即个体的内心感受、价值观和理想，外在自我代表着个体在与他人互动和社会中所处的角色、责任和期望。当一个人的内在自我与外在自我不一致，甚至产生强烈冲突时，他就会感到困扰，变得焦虑等。

比如，一个人幼年时爱好画画，他的父母却因为期望他成为有音乐才能的人而让他去学习钢琴；考大学选专业时，我们明明喜欢历史，却因为外界社会普遍认为计算机好就业，就无奈地选择了计算机专业；在工作中，我们本是内向寡言的性格，却要为了工作参与许多令自己头疼的应酬。每次当这种自我认同与社会角色发生强烈冲突时，我们便会感到沮丧、焦虑，觉得真实的自己不被社会认可和需要。

每个人或多或少都面临过这种冲突。我们首先要做的是正确地看待并接纳自己的心理冲突，然后合理地调节，最终化解不良情绪，可以参考以下方法。

第一，设定边界并降低期望。我们要学会设定个人边界，明确自己的底线和不允许他人触碰的原则，并适度降低对外界期望的追求，明白我们的成就与幸福感不只取决于外界的认可与赞赏。

第二，加强自我认知。了解并接纳自己的内在感受和价值观，探索自己真实的需求和愿望。探索自我是一个有趣的过程，我们可以不断地发掘让自己感到真正快乐的事情。这个事情或许是运动，或许是音乐，或许是与人交际，也或许是某件我们从未尝试过的事情。尝试新鲜事物可以加强我们对自我的了解，不盲目地顺从他人或社会的价值观。

第三，自我平衡与行为调适。平衡真实的内在自我与外在自我，在可实现的范围内，尽可能依从内心的真实自我。外界对我们的期待时常与我们呈现给外界的面貌有关。一个从小有主见的小孩，外界不会期待他做一个非常顺从的人；一个温柔文静的女性，外界也绝不会期待她过于活泼。学会展现真实的自我，更有利于外界期许与我们的内心相统一。

第四，学会沟通与拒绝。要学会拒绝自己内心并不认可的事情，积极地表达自己的不适感受。我们每做一次自己不情愿的事情，对外界的热爱就会减少一分，当我们彻底对外界失望时，抑郁的阴霾就会笼罩着我们。

每个人存在于这个世界上都有自己的价值。人生的意义是我们自己赋予自己的，而不是来自外界的评判。就像陶渊明身边的人都觉得他有些才华，但家境清寒，应该好好做官来谋生。但陶渊明几经辗转，多次出仕入仕，终于明白最适合自己、最让自己感到幸福的是平淡悠然的田园生活。

对一个热爱荣华富贵的人来说，让他去过田园的粗朴生活便是痛苦。而对一个向往淡泊的人来说，让他体会尘世间的纷纷扰扰便是痛苦。一切的好与不好都与我们内心的感受相关，与旁人的评价无关，与大众的眼光也无关。

只有遵从本心地生活，才能拥有真正的幸福。

放慢脚步，
才能嗅到生活的芬芳

"悟已往之不谏，知来者之可追。"陶渊明在《归去来兮辞》中写自己深感从前误入迷途太久，后来的选择才是正确的。

天刚蒙蒙亮，选择辞职的陶渊明就走上了归家的道路。终于，他回到了自己的家。尽管家中十分简陋，但他的内心十分愉悦。家中仆人站在门口迎接他，孩子们更是一早就在庭院中守候。陶渊明带着孩子们进屋，桌上已经摆好了盛满美酒的酒樽。望着庭院中的亭亭树木和远处飘浮的云朵，他不禁举起酒杯感叹道："这才是我向往的生活！"

夕阳渐沉，疲倦的小鸟也飞回巢中。陶渊明与友人饮酒抚琴，与农夫共谈耕地之乐，闲来无事之时还能望着天边云卷云舒。这一片祥和的景象让他想永远与世隔绝。

陶渊明的大部分诗作都是归隐后所作的,以写实古朴的田园诗为主。但这种风格在当时并没有成为主流,他在世时也鲜有人传诵他的诗作。直到唐朝时,陶渊明和他的诗作才开始声名鹊起。

在陶渊明隐居的第二年,他写下了组诗《归园田居》,一共五首,细致地刻画了他的田园生活。

> 少无适俗韵,性本爱丘山。
> 误落尘网中,一去三十年。
> 羁鸟恋旧林,池鱼思故渊。
> 开荒南野际,守拙归园田。

陶渊明要养活一家人,不做官之后,全家人的吃食都要靠自己耕作得来。于是,归隐后的陶渊明成了一个农民。陶渊明出身贵族,这样的选择使他遭到了不少文人士大夫的耻笑,但他不在乎。

每天日出而作,日落而归,汗水时常浸透衣衫,双手也早已布满老茧,但陶渊明乐在其中,他认为这一切都值得。尘世中的一切真真假假使人迷惑,他觉得只有躬耕的生活永远不会欺骗他。

除了陶渊明自己，他的家人们都十分享受这样的生活。他们居于庐山脚下，邻居们也都是淳朴之人，大家时常聚在一起饮酒谈心，遇到好的文章则一同欣赏。总之，农忙时便各自归去，闲暇时则相聚一处。

在陶渊明隐居的第四年，一场大火无情地烧毁了他家的宅院。之后他们一家生活得较为艰辛，家中时常短缺粮食，陶渊明不得不向邻里乞讨。他还专门作了《乞食》诗，来纪念那一段岁月中邻里的倾情相助。

几年后，朝廷诏陶渊明为著作佐郎，他称病没有应征。此后也有友人几次邀请陶渊明回朝做官，但他都没有应允。陶渊明用最悠然的笔触书写着这段美好的隐居岁月，他觉得这样与世无争的日子才是真正值得过的人生。

据传，一年重阳佳节，陶渊明没有酒喝，有些沮丧，只得采一把菊花独自把玩。没过多久，他看到远处一个身着白衣之人向自己走来，原来是自己的好友王弘前来送酒。他当即和好友畅饮一番，最后大醉而归。陶渊明为人简单直接，富有童真。王维曾在《偶然作六首》中评价他道："陶潜任天真，其性颇耽酒。"也正是因为他天真率性的性格，一生结交了许多好友。

但此时的东晋远不似陶渊明隐居的生活般安定简单。东晋末年，战火纷飞，百姓流离失所。最后，刘裕废除了晋帝，开始了刘宋时代。

黑暗污浊的现实社会令陶渊明失望，看着百姓饱受战乱之苦，他心痛不已。在这样的背景下，陶渊明创作了《桃花源记》，抒发着自己对美好、安定的生活的向往，也为后世一代代人营造了那片魂牵梦萦的桃花源。

在陶渊明笔下，桃花源的入口位于武陵郡小溪旁一片桃林的尽头。桃林尽头有个山洞，洞口很狭窄，仅容一人通过，向前几十步，突然变得开阔明亮了。出了山洞就看见了一片片平坦宽广的土地和一排排整齐的房舍，美丽的池沼、桑树竹林一望无际。田间小路交错相通，到处可以听到鸡鸣狗叫。人们在田野里来来往往耕种劳作，穿戴跟桃花源外的世人没什么差别。老人和小孩们都安适愉快，自得其乐。

这样美好的桃花源是陶渊明的奇妙想象还是真实存在的，我们不得而知。但确定无疑的是，他渴望通过自己的文字塑造一个与当时污浊黑暗的社会相对立的美好世界，表达自己对战争动乱和肮脏政权的强烈不满，寄托自己对于安定生活的向往。尽管陶渊明的隐居生活无法达到桃花源中的境界，但那"采菊东篱下，悠然见南山"的生活状态已令他心满意足。

陶渊明是我国第一位田园诗人。比起其他诗人诗作中的豪言壮语和华丽辞藻，他的诗作在诗坛中别具一格，而主导他这些作品的，就是他"乐安天命"的思想。

据说，陶渊明有一张无弦素琴，每逢饮酒聚会之时，他都要拿出来演奏一番。别人十分不解，但陶渊明认为只要人的心境平和，乐曲就畅快了，本性宁静就音声具备了。隐居的这些日子里，陶渊明放慢了脚步，内心渐渐变得宁静，这让他感受到了生活的真正意义。

美好的生活真的只能用金银财宝、高官厚禄来实现吗？陶渊明的一生给了我们很好的答案。

人生在世，事与愿违时常有之。如果什么事都想不开，总是深陷其中，那可能会变得郁郁不得志。如果我们能像陶渊明这样，懂得放慢脚步，回归生活的本真，便能嗅到生活的芬芳。

现代人的生活节奏很快，我们生怕稍有怠慢就落于他人之后。我们不敢休息，不敢放松，渴望自己做的每一件事都有意义，都能帮助我们进步。每一次单纯的享受与放松仿佛都是在浪费时间。"做这个有什么用？""这样有什么好处？"类似的话不知不觉变成了许多人的口头禅。殊不知，目的感太强的生活并不利于我们的身心健康。

大家常说，有压力才能有动力，但压力与动力之间呈倒 u 形曲线，当身心受到的压力超出我们的承受范围时，我们的做事效率反而会大大降低。耶鲁大学的心理学教授劳里·桑托斯曾说，感觉自己过于忙碌或者没有时间做自己想做的事时，会导致"时间饥荒"，"时间饥荒"又会导致工作表现不佳和职业倦怠，对心理健康造成的危害性不亚于失业。所以，我们应当在忙碌的工作和学习中适当地放慢脚步，留足充电的时间，才能让自己更加有活力地出发。

欲速则不达，一味地催促自己尽快成长并不利于我们的个人发展。我们偶尔也可以像陶渊明一样，让自己远离喧嚣，去亲近亲近大自然，舒缓自己紧绷的身心。

第四辑

培养情绪的张力，才能贴近幸福

孟浩然　杜甫　柳永　辛弃疾

辛弃疾
一代英豪，
金戈铁马冠三军

非凡的毅力
可以打破现实的局限

回想起那个清朗的中秋，置身在芬芳的丹桂丛中，那时"花在杯中，月在杯中"，如今在阁楼中举杯待月，却只有"云湿纱窗，雨湿纱窗"。想乘风上天问问天公，可惜"路也难通，信也难通"，只能劝诫自己"杯且从容，歌且从容"。此时此刻的辛弃疾忘却了战场上的杀伐，如同万家灯火中的普通百姓一样，盼望着安定美好的生活。

辛弃疾幼年时父母就已离世，他从小跟随祖父辛赞一起生活。据说，辛赞希望他一生都能远离疾病痛苦，且崇拜西汉名将霍去病，故仿照霍去病的名字为他起名"弃疾"。

辛弃疾出生时，北方就已沦陷于金人之手。但辛赞在靖康之变、宋室南渡后，因种种原因不得不在金国出仕。身在金邦，心却在宋，辛赞希望辛弃疾长大后可以报效祖国，帮助宋室恢复中原。

辛弃疾很小时，辛赞就给他灌输爱国思想，给他讲国家局势。为了把辛弃疾培养成统兵大将，还将他交予山东第一名师刘瞻培养，并带他拜访各地名将，学习战术兵法。不负祖父的期待，辛弃疾自幼就过目成诵，六岁便能作诗。因自小就目睹金人欺压汉人，辛弃疾早期的诗作多是在批判其残酷的暴行。

在祖父的悉心教导下，辛弃疾长成了文武双全之才，准备进京赶考。不过他并不在意考试的结果，只是想趁着赴京应考的机会考察金都地形，为日后攻打金兵、收复南宋失地做准备。

可惜辛弃疾的祖父还未见到祖国山河的统一就离开了人世。辛弃疾悲痛不已，誓死要完成祖父的愿望。但没有了祖父的引导，他报国无门，十分迷茫。于是，辛弃疾决定和自己的同学党怀英一起卜卦，求问前程。辛弃疾卜到了离卦，代表南方，党怀英抽到了坎卦，代表北方。两个意气风发的少年便各奔南北，开始了自己新的人生路。

不久后，后金主完颜亮四处起兵，开始大面积南侵，南宋的百姓饱受战火的荼毒。在这水深火热之时，中原之地的各路英雄开始组织起义军抗金，其中声势最为浩大的是山东济南以耿京为首的起义军。济南正是辛弃疾的家乡，他便立刻在家乡组织了一支两千人的兵队，投奔在耿京麾下。

辛弃疾武艺高强，又擅长军事谋略，很快受到了耿京的赏识，担任起军中掌书记一职，耿京甚至把军中大印也交给了辛弃疾。

可惜还未等与金军决一死战，辛弃疾就被"自己人"搞得焦头烂额。义端和尚是一小队义军的首领，辛弃疾说服他一同投靠了耿京。可是到了耿京麾下后，他受不了严格的军令和艰苦的生活，十分懒散，一直当个小差。

一日，辛弃疾四处找不到义端，后来才发现他竟然偷了帅印逃跑了。原来义端受不了从军的艰苦，打算带着帅印去金兵那里邀功。耿京得知消息后大怒，训斥了辛弃疾。辛弃疾好不容易才在耿京这里站稳了脚跟，如今却因为义端搞成这般。辛弃疾愤怒不已，向耿京立下了军令状——一定在三日之内带着帅印归来，随即策马前去追拿义端。

辛弃疾十分熟悉周遭的地形，很快就猜到了义端逃往金营的路线，便抢先一步埋伏在途中，等义端来到此处将其斩杀，并取回了帅印。

经此一事，耿京对辛弃疾更加看重了，觉得他杀伐果断，计谋过人，军中上下也无一不敬佩他。

不久后，金主完颜亮被杀，这一消息传遍了整个南宋。

新金主金世宗深知如今很难再一举拿下南宋，便不再进攻，并下旨告诉南宋所有的起义军：只要从现在开始不再抗金，本分地生活，从前的一切便既往不咎。

一时间，大批起义军土崩瓦解。辛弃疾劝说耿京归顺南宋皇帝宋高宗，耿京听了他对利弊的分析后，认同他的想法和观点，即刻写了手信，下令辛弃疾带着一位将领出发，去找宋高宗归降。

二人到达建康后，正巧遇到了于此视察工作的宋高宗。就这样，二十三岁的辛弃疾第一次见到了南宋皇帝。宋高宗听到耿京起义军想要归顺的消息十分喜悦，也十分欣赏忠贞爱国和拥有远大抱负的辛弃疾，便立即让他回到济南，迎耿京和起义军南归。回程的途中，辛弃疾看着祖国的大好山河，觉得云也愉悦，山也壮美，水流更是活泼轻快。可就在这时，他突然收到了耿京被叛徒张安国等人杀害的消息。

辛弃疾本来信誓旦旦地承诺高宗将带回二十几万人的军队为国效力，可如今起义军就这样群龙无首，溃散瓦解了。辛弃疾愤怒极了，脑海里只有一个想法，那就是活捉叛徒张安国，为耿京报仇雪恨，也给宋高宗一个交代。

尽管辛弃疾是一员杀伐果断的猛将，但绝不鲁莽冲动。经过周密的策划和安排，辛弃疾带领五十个骑兵闯进金营活捉了张安国。此次壮举让他声名大噪。

可是让辛弃疾没想到的是，立下如此大功后，皇帝竟只让自己担任了一个文职。这或许是因为辛弃疾"归正人"的身份，皇帝不敢轻易重用他，也或许是南宋的议和派并不想让他有机会实施更多抗金的举措。

不久，宋孝宗即位，主张强硬抗金，不再以议和退让为策。举国上下热血沸腾，掀起了抗金浪潮。此时辛弃疾觉得终于迎来了自己的时代，自己可以展开拳脚、全力以赴投身于宋朝的大一统事业了。

辛弃疾从来不是一个听天由命的人，尽管现在是一名文官，但他并没有就此"躺平"。在职期间，他向朝廷献过许多作战策略与方法，尽管未得到任何回应，但他仍然在努力。生活好像从来都不公平，有的人胸无大志却身居高位，有的人勤勉不倦却不得赏识。

公元 1163 年，宋军于符离被金军击溃。此次战败对宋孝宗来说是一次非常沉重的打击，他心中的一腔抗金热血也就此熄灭。在议和派的压力下，宋孝宗向金求和，并签署了"隆兴和议"。

符离战败深深刺痛了辛弃疾的心，幼年时见过那么多南宋百姓被金人欺压凌辱的场景，如今又要面对整个南宋对金屈辱求和的情形。他奋笔疾书几个昼夜，写下十篇抗金军事论文献给宋孝宗，希望能重新燃起他的斗志，不要放弃抗金，史称《美芹十论》。这十篇论文有着很高的军事价值，但是并未被重视和采纳。议和派的人只想苟且过活，最怕打仗，而另外一部分人介意辛弃疾"归正人"的身份，导致这份军事瑰宝被埋没了多年。

偶尔登高望远时，辛弃疾依旧会想起儿时祖父教自己看地形、指画江山的情景。可如今，恢复中原的美好理想始终难以实现，满腔热血总是被冰冷地对待，这一切让他无奈，但没让他想过放弃。

八年的闲散生活或许会磨灭一个人的斗志与理想，但这个人绝不是辛弃疾。为了保持自己的作战本领和军事敏锐度，辛弃疾每天练习武功和骑射，时不时翻阅古籍兵书。他用超凡的毅力始终为实现自己的理想而磨炼着本领。

有不少人遇到一点困难就放弃自己的理想。但如果能多一些毅力，也许就会离成功更进一步。毅力也叫意志力，是一种为达到预定目标而自觉克服困难、努力奋斗的意志品质，是我们的"心理忍耐力"，也是我们完成学业、工作、事业的"持久力"。在辛弃疾的一生中，我们不难发现，他始终持有这样的精神品质。

1972年，心理学家沃尔特·米歇尔著名的"棉花糖实验"表明，意志力是我们人生中至关重要的力量，也是人生成功的关键因素。与智商相比，意志力对个人的发展和成功具有更重要的影响。所以，很多时候失败并非因为天生愚笨或者运气不佳，而是缺乏毅力。

缺乏意志力会更容易让我们养成一些恶习，比如没有节制地花钱、做事拖延、饮食不健康、经常发脾气、酗酒等。因此，一个人意志力的强弱，极大程度地影响着他的生活和前途。很多时候我们做事半途而废，难以坚持，以及生活里种种糟糕的表现，都是因为缺乏意志力。

那么，一个人意志力的强弱是先天决定的吗？专家认为，意志力的强弱与我们的基因有关，但不完全取决于基因。心理学中有一种角度将意志力描述为"心理肌肉"，通过锻炼可以变得越来越强。以下方法可以帮助我们增强自己的意志力。

第一，提醒自己考虑长期后果。哥伦比亚大学的一项研究发现，点烟之前，与考虑短期快感的人相比，考虑吸烟长期危害的人更能抵挡住香烟的诱惑。我们可以利用这种思维模式来增强意志力。

第二，积极行动。当你有了想要实现的目标就立刻开始行动，而不是花很多时间进行准备工作。有很多目标都停留在了计划与想象中。在长时间的拖沓与想象里，我们会逐渐丧失自信心。立刻开始行动，是将一件事坚持做下去的第一步。

第三，规划好完成某件事的时间和质量。合理制订计划可以让生活和工作更有序地展开。毫无限制地放任自己，会减少个体的成就感。当我们时常能完成给自己制订的计划时，会获得正向的积极的体验感，从而增强内驱力，更有益于增强我们的意志力。

第四，冥想。通过冥想，我们可以训练大脑的专注度，减少走神的频次。研究表明，每天进行十分钟的冥想练习，坚持个几天，注意力就能更加集中，压力也能得到缓解。

第五，找到属于自己做事的心流和节奏。将一件事情的完成过程分成多个阶段，劳逸结合。做事阶段尽量屏蔽干扰、心无旁骛，帮助自己找到心流状态；休息时做一些使用其他思维模式的事情，让大脑产生新鲜感，以恢复精力。行动和休息交替进行，可以帮助我们更好地掌控做事情的节奏。

除此之外，定期运动、写日记、保持良好的作息等也都能帮助我们增强意志力。无论我们采取哪种方式，都要坚定的认可自己，为自己的内心增添力量。

生不逢时又如何，机会不是等来的

朝中同样主张抗金的重臣范邦彦十分欣赏辛弃疾的才能

与英勇气概，便将女儿范氏许配给了他。范氏知书达理、温柔体贴，给辛弃疾的生活中增添了许多温情，也让议和派认为这个热血好战的年轻人如今妻儿在侧，沉浸在了温柔乡，不再想着打仗抗金了。

后来，辛弃疾收到了久违的皇帝诏令。因为时隔数年，宋孝宗终于再一次燃起了抗金的斗志。他看了《美芹十论》，迅速召见了辛弃疾，要与之共商抗金大事。

宋孝宗认为辛弃疾和自己一样，是一个热血好战之人。就在所有人都以为辛弃疾将领兵抗金时，辛弃疾却说出了自己的看法。他认为目前并不是抗金的好时机，劝宋孝宗不要草率起兵。

自幼学习兵法，通晓战事，辛弃疾强壮的外表下是一颗沉着冷静的心。他的这一态度让宋孝宗与朝中众臣对他更是刮目相看。世间有勇之人屡见不鲜，但有勇有谋之人屈指可数。

三十多岁的辛弃疾受皇帝的调令来到了都城临安。多年漂泊，如今终于来到车水马龙、人声鼎沸的都城，辛弃疾却不愿融入其中。与宋孝宗的会面虽然没有成功实践自己的抗金大计，但辛弃疾迎来了一次升迁。不过，他没有感受到半点喜悦。

又是一年正月十五的夜晚，辛弃疾走在街头，悠扬的凤箫声四处回荡，豪华的马车穿街而过，来往之人皆是笑语盈盈，只有自己与这一番景象格格不入。辛弃疾深夜回到家中，倚窗望月独饮，想到都城中的繁华景象，将万千思绪流于笔尖，写下了著名的《青玉案·元夕》。

> 东风夜放花千树。更吹落、星如雨。宝马雕车香满路。凤箫声动，玉壶光转，一夜鱼龙舞。
> 蛾儿雪柳黄金缕。笑语盈盈暗香去。众里寻他千百度。蓦然回首，那人却在，灯火阑珊处。

这首词流传千年，众人都在讨论蓦然回首，位于灯火阑珊处的那一人究竟是谁。

有人说那是诗人爱慕的女子，也有人说那是诗人思念之人。

但灯火阑珊处，那遗世独立的身影更像是辛弃疾自己。

南国的秋天清冷凄凉，辛弃疾独自登上赏心亭。江水流向天际，辛弃疾极目远眺远处的山岭，看着大好山河沦陷他人手中，忧愁与愤恨再次涌上心头。

此时的他满怀壮志却老大无成，只得把自己难酬的壮志化成愤慨的诗词，聊以慰藉。作为豪放派的代表，辛弃疾在中国词坛的位置举足轻重，他现存词作六百多首，是两宋文学家中词作数量最多的人。

后来，辛弃疾被调往滁州任知府，算是又一次升迁。据载，辛弃疾初到滁州时，滁州远不似欧阳修笔下描绘的那般"环滁皆山、林壑幽美"，而是因为饱受战乱只有一眼望不到边的杂草和破烂不堪的房屋。

面对如此破烂不堪的景象，辛弃疾没有一丝抱怨，反而无比心疼这里的百姓。"于是早夜以思，求所以为安辑之计。"那一段时间，辛弃疾时常昼夜伏案，思索可以快速改善滁州民生的办法。他招募民兵操练，招抚逃难流散的百姓，建议军队屯田，为百姓减赋税，并扶持当地农业与商业的发展。没过多久，残破不堪的滁州就改头换面，这里的百姓都十分爱戴他。

眼看着滁州"荒陋之气，一扫而空"，辛弃疾在金秋时节又为当地百姓建了一座楼，名为奠枕楼，用以振奋民心。奠枕，是安居之意。这一座拔地而起的雄伟建筑承载了辛弃疾在滁州的心血与汗水。奠枕楼建成当日，辛弃疾带着百姓一起在楼上把酒庆祝，大街小巷都是热闹的气息，连楼边都围满了百姓。那一日的滁州，晴空万里。

滁州位于江淮之间，来到滁州后，除了大力发展此地民生，辛弃疾也不断地勘察地形，收集有关金国的情报。

辛弃疾自幼长在金国，十分了解金国的情况。他曾大胆预言：金敌六十年内定会灭亡，蒙古国将是更大的威胁。这一预言后来被应验了。可惜，这一预言在当时无人重视。

尽管朝中许多官员都知晓辛弃疾的实力与才能，但朝中的局势复杂，他始终没有得到重用。直到后来茶寇猖獗，皇帝才又想到了辛弃疾。宋朝时期的茶文化和茶经济十分发达，但官府对茶商的剥削也很严重。本应是一个发达的产业，茶农、茶商却变得无利可图，这也导致出现了大量的私茶贩子。为了与官军对抗，这些茶贩子聚集起成百上千人的武装力量，形成了茶商军。

宋孝宗时期，江西、湖南、湖北等地的茶寇十分猖獗，朝廷多番派官兵围剿，都未能将其镇压。宋孝宗震怒，朝中众臣见状纷纷沉默。此时宰相站出来向皇帝力荐了辛弃疾去平定此事。

辛弃疾不久便平定了茶商军。这一壮举再次让辛弃疾声名大噪。他本以为可以凭此机会加入朝廷的武将军事队伍，不想又被调去襄阳做了一个文官。

此时距离辛弃疾南归已经过去了十余年。十余年间，他被调换过十几个官职。每当在一个地方做出一些政绩，他就会被调离，卓越的政治才能和过人的军事谋略反而成了他靠近政治中心的绊脚石。但辛弃疾的志向没有随着官职的变动而改变，无论身居何职、身处何地，他都一直在努力造福当地的百姓。

后来，辛弃疾被调去湖南做转运副使时遇到了农民起义。朝廷不由分说就让他即刻镇压，但辛弃疾看透了问题背后的本质。百姓都想过稳定美好的生活，厌恶战争，如今起义是因为被逼到了绝路。辛弃疾排除万难，将"官逼民反"的想法传达给了宋孝宗。看到辛弃疾如此真诚，宋孝宗十分感动，于是放权给他，允许他全权治理此地。

有了实权在握，辛弃疾终于可以放开手脚大干一场。他把地方豪强拉入军营，当场给他们表演了一番百步穿杨的箭法。豪强们都受到了很大的震慑，不敢再造反。

辛弃疾一直渴望可以拥有一支属于自己的军队，于是他招兵买马，准备创建"飞虎队"。他把这一想法告诉了宋孝宗。宋孝宗也默许了，但没有给他任何拨款和物质补给。可维持军队的财耗巨大，现在，军营的建设、将士们的一切吃穿用度都要辛弃疾全权负责。

当时军营里面要铺路，却没有石子。辛弃疾便下令，戴罪之人可以捡石子来抵罪。没多久，送来的石子便堆积如山。后来瓦片短缺，他再次下令百姓可以用瓦片来换钱，几天之内便凑齐了建房所需的瓦片。众人无一不佩服辛弃疾的能力。

飞虎队的筹备如火如荼地进行着，就在这时，辛弃疾收到了御前金牌，令他即刻停止筹备。朝中许多大臣早已对辛弃疾有所忌惮，此次更是借机大肆发挥，说辛弃疾的许多行为都不符合规矩，应当受到责罚。宋孝宗听信了一些谗言佞语，下令让辛弃疾停止创立飞虎队。但辛弃疾假装没有收到令牌，向所有人隐瞒了这件事，直至飞虎队建成。

但辛弃疾还没感受到调兵遣将、行军打仗的滋味，又被调至江西任安抚使。公元1180年，辛弃疾抵达江西上饶，被这里秀丽的风景和园林式的建筑风格深深吸引，于是根据四周的地形设计了一座"高处建舍，低处辟田"的庄园，并给庄园取名为稼轩，他"稼轩居士"的别号也因此而来。

此时的辛弃疾早已知晓朝堂上众多官员对自己的排挤，也隐隐感觉到如果继续激进行事，必定会给自己和家人招致祸患，便有了归隐的心思。

不出所料，朝中那些看不惯辛弃疾的官员以稼轩庄园占地百亩、房屋百间过于奢侈而联名上书检举他克扣百姓赋税、搜刮民脂民膏，甚至把他建立飞虎队的事情再次拿出来添油加醋一番，想置他于死地。

宋朝文官的俸禄十分丰厚，且辛弃疾平日里的生活也相对节俭，有些家底很正常。尽管没有确凿的证据，宋孝宗还是罢免了辛弃疾的官职。皇帝对他也有忌惮之心，如同朝中许多高官一样。

就这样，四十多岁的辛弃疾正式退离了官场，开始了自己的隐居生活。从前的他总是囿于金戈铁马，如今终于可以放慢脚步，真切地走入自然中，认真地生活。

  明月别枝惊鹊，清风半夜鸣蝉。稻花香里说丰年，听取蛙声一片。
  七八个星天外，两三点雨山前。旧时茅店社林边，路转溪桥忽见。

  闲居生活让辛弃疾有大把的时间研究诗词。他的词作拓宽了宋词的题材，中国词坛上开始出现读来让人倍感闲适悠然的闲居词。

  辛弃疾渴望自己的隐居生活能有陶渊明那般纯净淡泊的心态，但每当有朝中官员来拜访时，他还是忍不住打听朝中和前线的消息，渴望能借朋友之口继续向朝廷出谋献策。可惜宋朝的国力日渐衰弱，自己也逐渐年迈，他越来越觉得恢复中原的理想在逐渐变成泡影。

  "醉里挑灯看剑，梦回吹角连营。"辛弃疾把许多不能对人诉说的失落与惆怅都融于酒中，渴望酩酊大醉后，可以忘却一切。据统计，在现存的六百多首辛词中，有三百多首都提到了酒。

  十几年后的一个夏天，稼轩庄园失火，辛弃疾举家迁去了铅山县期思村的瓢泉旁。一场大火，烧尽了庄园美景，也烧尽了辛弃疾内心的最后一丝期待。至此，辛弃疾的身与心都开始了真正的隐居生活。望着凛冽的泉水，幽幽的竹林，他终于明白了陶渊明词中的"此中有真意，欲辩已忘言"是何种境界。

不料几年后，南宋权相韩侂胄为了提高政绩，提出了北伐抗金，朝廷又一次想到了辛弃疾。已经六十四岁的辛弃疾再次被任命，与韩侂胄一起抗金。辛弃疾平静已久的心再次被点燃，尽管他的身体早已大不如前，但渴望上战场杀敌的一腔热血丝毫未减。

韩侂胄并不擅长军事谋略，对此次抗金敷衍了事。他们二人在共事过程中产生了很大的分歧，不久后，辛弃疾就被调离。南宋军队在韩侂胄的无能带领下，彻底溃败于金。此时的辛弃疾只能冷眼旁观，一连串的打击使年迈的他心力交瘁。几年后，南宋再起战乱，朝廷又想搬出辛弃疾这个救兵，可惜为时已晚。

此时的辛弃疾已经病重卧床不起，只得上奏请辞。同年十月，六十八岁的辛弃疾与世长辞。

陆游评辛弃疾说："大材小用古所叹，管仲萧何实流亚。"胡适评辛弃疾："是词中第一大家，才气纵横，见解超脱。"

在后世人心中，辛弃疾是爱国词人，为他的时运不济而深感遗憾。有人曾设想，如果辛弃疾出生在另一个时代，或许他的一生会更加成功。但生不逢时亦逢时，是这样一个时代造就了如此传奇的辛弃疾。

辛弃疾之所以在后世人心中如此传奇，除了卓越的才能，还有他的倔强与毅力。辛弃疾内心的追求从未改变，试问世间能有几人拼尽一生只为一个理想而奋斗？

尽管朝廷总是在危难关头时才会想起辛弃疾，但辛弃疾时时刻刻都在为实现理想而主动创造机会。滁州的卓越政绩、建立飞虎军，再到多次给朝廷上奏提出各种建议，他时刻都在付出努力和行动。

有一颗持续努力的心，主动去创造机会，比生在一个好的时代更加重要。不要等待机会，因为生活中的机遇是有限的，我们不去主动寻找，机会自然就会落入别人手中。

比如读书时班干部的名额，升学中被录取的名额，工作中升职加薪的名额，等等。我们会发现，生活中的每一次进步与发展都需要我们发挥主观能动性尽力去争取。为此，我们要保持敏锐的观察力，要时常鼓励自己积极地展示自己的能力，以此获得更多成长和晋升的机会。甚至在感情生活中，都是主动社交的人能够拥有更多的机会。当我们主动地去做某一件事情时，成功的概率是 50%，但如果我们不付诸行动，失败的概率就是 100%。

柳永

万花丛中咏歌赋，
文采风流垂千古

我一直在做自己，
所以我很快乐

古时候，许多文人墨客都会光顾青楼等风月场所，青楼起初并非指妓院，而是指代比较华丽的房屋。唐代以后，青楼变成了烟花之地，许多文人墨客都是光顾青楼的常客。

谈起与青楼关系最为密切的文人非柳永莫属。无论是他的词作，还是他的人生，都与青楼生活息息相关。甚至有传，柳永去世后，是一群青楼女子为他料理的后事。

柳永原名柳三变，生于福建崇安，与他的两位兄长柳三复和柳三接并称"柳氏三绝"。柳永是三兄弟中最聪颖、天资最高的，但他的两位哥哥一早就考取了功名，仕途顺利，只有柳永坎坷不断。

崇安是如今的武夷山市，一千多年前，这里是江南一带士大夫们避乱隐居的圣地。柳永的祖父柳崇是五代时期著名的儒学大家，因时局动乱一直在家乡隐居治学，布衣终老。柳永的父辈几乎都是朝廷命官，其中有三位是进士出身。在这样的书香之家中成长，读书、考科举、做官已然从小就成了柳氏三兄弟的目标。

柳永幼年时生活在武夷山的一个小村庄里，此地玉带环绕，山气苍翠。而那条通向山顶中峰寺的小路是柳永幼时最为熟悉的一条路，承载着柳永求学读书的所有记忆。后来，他为此地作了一首诗——《题中峰寺》。这首诗不久便在香客间传开，柳永开始有了名气。这是柳永传世不多的律诗之一，从这首诗开始，柳永便展现出他在诗词方面的天赋，也因此作被誉为"鹅子峰下一支笔"。

柳永的母亲时常指导他的功课，也很在意他品行方面的培养。自从柳永被称为"鹅子峰下一支笔"后，母亲就担心他会骄傲自满，便用"声闻过情"来提醒他，意思是一个人的名声超过了实际情况，名不副实。尽管后世流传着柳永在烟花之地的各种故事，甚至有人会因此觉得他品行不端，但其实从小饱读圣贤诗书的柳永除了拥有斐然的文采，还始终拥有一颗君子之心。

文人世家的背景，再加上父母从小的教育和熏陶，柳永渴望自己也能考中科举，在朝堂中一展抱负与才华。

转眼间柳永已学有所成，他决定离开家乡，去京城赶考。柳永赶考的第一站，来到了杭州。杭州是江南富庶之地，文人墨客、富商巨贾皆汇聚于此。据说宋朝时杭州的贸易已经十分发达，城内有许多高档商铺，售卖着香水、蜜蜡、睫毛膏、蚊香等物。杭州的白天街市热闹，到了夜晚更是歌舞升平、灯火璀璨。一扇新世界的大门，在柳永面前缓缓打开了。

中国历史上恐怕没有任何一个时期的青楼文化比柳永所处的北宋更加繁盛。唐代虽也有青楼，但当时还有宵禁，行人到了夜晚不能随意活动。到了宋代以后，不再实行严格的宵禁，因此宋代的夜生活无比丰富。

东南形胜三吴都会，钱塘自古繁华。烟柳画桥，风帘翠幕，参差十万人家。云树绕堤沙，怒涛卷霜雪，天堑无涯。室列珠玑，户盈罗绮，净豪奢。

这首描写都市风情的《望海潮》将杭州的繁荣和钱塘江的壮观描绘得淋漓尽致。以往的诗词多是抒发儿女情怀，而柳永的这首词以都市风情为题材，让人感到很新鲜。

这也是一首干谒词，是柳永为求见孙何而作。孙何官居要职，一度驻节杭州，柳永想拜访他，但孙府门禁很严，柳永一直没得到机会。

如何让孙何读到自己的这篇文章呢？柳永想出了一个妙计。中秋节前，他带着这首词去访问名伎楚楚，说自己想求见孙何，但苦于没有门路，便想请她在孙府的中秋宴会上演唱这首词。

楚楚同意了柳永的请求，一曲唱罢，满场宾客无不动容。大家皆知杭州繁华，但万万想不到这繁华景象被作成词，谱上曲，再经美人之口唱出来，竟是如此震撼人心。孙何知道原因后，立即请柳永前来赴宴。

柳永的《望海潮》就此被传唱开来，孙何也被他的才华所折服。次年，孙何奉旨回京，任太常院士，又晋升为知至诰，赐金腰带、紫蟒袍。幸运之神似乎已向柳永露出了半边笑脸，然而他还没等到孙何的举荐，一个噩耗却先一步传回了杭州——孙何因操劳过度，不幸在汴京病逝。

柳永的美梦破碎了，心情低落的他开始流连于烟花柳巷之间。或许在温柔乡中，他能暂时忘却烦恼。与徘徊在烟花之地的大多数男人不同，柳永并不是单单贪恋美酒美色，他欣赏那些歌伎的美貌与才华，更同情她们的悲苦境遇。他从未觉得青楼中的女子们低人一等，对她们亲和有加，把她们当作知心朋友，时常给她们写词。也正是因为这份理解和尊重，这些青楼女子都对柳永极好，也很欣赏他的才华。

但这些并未让柳永忘却自己的雄心壮志，他依旧想取得功名，在朝堂中施展自己的抱负。

几年后，柳永抵达汴京准备参加科考。繁华的汴京是宋人的梦幻之都，这在《清明上河图》中有着栩栩如生的展现：汴河穿城而过，往来船只繁忙，两岸林立着各色商铺、客舍，街上是如织的商贩和行人，一片热闹繁华之景。

一路走来，柳永看过武夷的奇雄险峻，领略过江南的精致秀美，此时来到这样一座雄伟繁茂的都市，他感受到了前所未有的新奇与喜悦。在这里，柳永也找到了自己的"快乐老家"——青楼伎馆。初入汴京，柳永仍旧花了许多时间给青楼里的歌伎写诗词歌赋，很快就声名远扬。还未参加科考，这位"风流才子"就已经凭着他的词作名满京华了。

宋朝时，好的作词人便十分受追捧，那时的青楼歌伎都渴望演唱柳永作的词来一举成名。演唱柳永的词在当时已经成了青楼歌伎间的一种风尚，如果哪位歌女能唱柳永的词，词里还能带上自己的名字，立刻就能身价百倍。柳永没有其他经济来源，许多歌女都乐于用钱财资助他，更不惜用重金请他作词。一来二去，柳永和青楼以及歌伎之间又多了一层紧密的关系。

当时有很多人抨击柳永的行为，大家觉得青楼女子的身份不堪，避而远之都来不及，你柳永怎能乐于与她们交好呢？古代的文人、士大夫都十分在意自己的名声和他人的品评，但柳永并没有因为流言蜚语而感到烦闷，更没有因此远离青楼歌伎。他敢于做自己、不为外界所影响的强大内核很值得现在的我们学习。

虽饱受非议，但柳永始终专注自我，他没有花时间去思考别人对自己的不理解，更没有花精力去想如何才能取悦别人。他用大量的时间阅读书籍、研究诗词，通过自己的努力为中国词坛作出了巨大贡献。每个人的精力都是有限的，过于在意别人的看法耗费的只会是自己的精力，反其道而行之往往会带来意想不到的收获。

柳永是第一位对宋词进行全面革新的词人。在他之前，词多以小令为主，而他创作了大量的慢词。慢词长调更具有音乐容量，能容纳丰富的生活内容和艺术情节。可是当时许多文人对流行的市井俗曲偏见甚深，不愿意写慢词。柳永摒弃了这样的偏见。也正是因为柳永的大胆创新为后续苏轼、辛弃疾等人的辉煌创作奠定了坚实的基础。

柳永大力创作慢词，并充分运用俚词俗语。他的词从来不为士大夫所作，就算是一个没什么文化的平民百姓也能欣赏柳词的意境。文化本就没有高低贵贱之分，就像他对待青楼女子的态度一样，世俗的阶级眼光从未束缚住他。

尽管从小接受的是传统教育，但柳永没有受到封建礼教的束缚，他的心里有一套属于自己的规则，去衡量着大千世界里形形色色的一切。在柳永心中，真正珍贵的不是功名利禄，而是对自由的美好向往。

同一时期，柳永身边的官家子弟们有的已经娶到了门当户对的大家闺秀，有的已经科考及第，只有他仍徘徊在烟花柳巷之地。于他而言，人人都走的大道并非唯一的路，只要听从自己的本心，认真地做自己，在林荫小路中也可以走出风采。做自己，是柳永始终的坚持。

人生短短几十载，若总是被他人的眼光和评价影响，如何能真正地实现自我的价值呢？我们不妨观察一下，自己或者身边的人是否经常因为别人的一两句话，心情就受到影响或改变行为，甚至怀疑自我，变得精神紧张、抑郁沮丧。比如，明明很高兴地穿上了新买的衣服，却因为别人说不适合自己就沮丧换下；明明喜欢短发，却因为别人说短发像假小子就不敢留自己喜欢的发型。

通常来说，有两类人会非常在意他人的评价。第一类是在原生家庭中养成了"服从型人格"的人。如果一个人从小到大的生活都被父母掌控着，无法表达自己的意见，无法诉说自我，无论自己有什么想法和追求，一旦与父母的意见相违背，都会被指责和拒绝，就会很容易形成"服从型人格"。

第二类是潜意识里比较自卑的人。这类人往往缺少主见，容易产生恐惧和担忧的情绪。他们担心得罪他人，思维方式往往是：我不能拒绝，不然他们就会讨厌我；我不能跟对方起直接冲突，不然我会受到伤害；没关系，吃亏是福，忍一忍吧；我本来就比较差劲，如果和别人不一样，那别人很容易就会发现我的缺点，等等。

不论你是上述哪一类人，如果你也过分在意外界的评价，可以通过下面的方法帮助自己改变。

第一，积极地关注自我，肯定自己的优点，发掘自己的长处。我们是自己人生的主宰，别人怎么想、怎么说并不重要。时常问自己"我做什么能进步，我做什么会快乐？"比思考"我做什么能让别人满意，我做什么会得到别人的夸奖？"更为重要。

第二，树立起自己的原则和边界。与别人交往时，从一开始就要做一个有原则的人，有分寸感和自己的原则才更容易得到别人的尊重。一味地在意他人，为他人不断地改变自己，只会让别人觉得我们软弱、没有主见。

第三，积极地表达自我。在与我们意见相左，或者总是对我们发表不好评价的人面前要大胆地表达自己的观点和想法。如果被他人冒犯了，更要表达自己的不悦与不满。一味地忍让和苛责自己会让外界对我们的敌意越来越大。

每个人的想法不同，出现不同的声音也很正常。在成长的过程中，我们被教导要尊重、理解和帮助他人。却常常忽略了要尊重自己、正视自己内心真实的想法。我们总是渴望得到别人的体谅与理解,但在此之前,我们有没有认真地去了解过自己呢?

如果我们时常为了迎合他人、迎合外界,而不停地压抑自己内心真实的想法,那么我们的身体和精神就会出现各种状况,那些被压抑许久的情绪以及在脑海里堆积起来的负面念头有一天可能会爆发出来。如果我们希望生活过得快乐,那么相较于去达成外界对我们的期待,更重要的是要完成自己对自己的期待。学会不过度在意外界对自己的评价和看法是走向快乐生活的第一步。

偏执之心不可有,
人生处处是舞台

转眼间,春闱即将开考。进士科是春闱的主要考试科目,考的正是柳永拿手的诗词。胸有成竹的柳永并没有为此次科考做太多的准备,考试前甚至给相好的歌伎写了一首词,表示自己一定高中归来,到时与她共同庆祝。

可到了放榜之日,柳永却发现自己落榜了,这让他愤怒极了。于是他大笔一挥，写了一首《鹤冲天·黄金榜上》，来宣泄自己的愤怒。

> 黄金榜上，偶失龙头望。明代暂遗贤，如何向？未遂风云便，争不恣狂荡。何须论得丧？才子词人，自是白衣卿相。
>
> 烟花巷陌，依约丹青屏障。幸有意中人，堪寻访。且恁偎红倚翠，风流事，平生畅。青春都一饷。忍把浮名，换了浅斟低唱。

柳永认为没有给他功名是皇帝和朝廷的损失，但是，不给"我"功名又如何？在烟花之地，"我"照样受人追捧。做一个风流才子为歌伎写词，即使身着白衣也不亚于公卿将相。享受这样的生活才是"我"最大的快乐，"我"宁愿把功名换成手中浅浅的一杯酒和耳畔低回婉转的歌。

当时柳永在民间已经颇有盛名，他十分不甘心此次落榜，只能这样借词撒气。每年科举考试人数众多，但是能中第的只是凤毛麟角。柳永的这首《鹤冲天》道出了许多学子内心的愤慨与压抑，不出几日，这首词便红极一时。

几年后，柳永第三次参加科考。据传，当时皇帝在礼部呈上的待录取名单上看到了柳永的名字，想起了他所作的《鹤冲天》一词，便提笔划掉了他的名字，说："且去浅斟低唱，何要浮名！"没有人想到，多年前为宣泄情绪所作的一首词会在几年之后改变了柳永的人生。

在那一刻，读过的万卷书、为前程努力过的日与夜，都比不过皇帝的一句话。之后，柳永便与仕途无缘。很多考科举的考生因为落榜而一蹶不振，甚至发疯、走向绝路。但柳永没有因为皇帝的一句话就对自己的前途心灰意冷，更没有偏执地去钻牛角尖，埋怨自己当年为何要写那首词。他没有就此消沉，反而顺势而上，直接宣告外界自己是奉旨填词。

于是，属于柳词的时代就这样开启了。当时，京城的青楼伎馆都在传柳永是奉旨填词，歌伎们都渴望能唱一曲柳词。柳永淋漓尽致地发挥着自己的才华，无论是当红的花魁，还是市井巷陌的百姓，总能听到有人哼唱着柳词。柳永有属于自己的观众，无论别人是否理解、支持，他都不曾改变对写词的热爱和最初的理想。

大约在柳永五十岁时，朝廷开设恩科，对屡试不中的大龄举子放宽录取尺度，柳永闻讯便迫不及待地赶赴京城。这一次柳永终于得偿所愿，进入了官场。但做官并没有他想象中那样美好。柳永得到的只是一个小官，比起在词坛上大放异彩、受众人追捧，朝堂中的柳永显得无足轻重。

柳永在许多地方都做过官，政绩都不错。在余杭当县令时，他还因政绩显著被编入了余杭县志的名宦榜。后来他到盐场当盐监,又被载入《昌国州图志》,再次登上名宦榜。大家都认为以他的才能和政绩,仕途定会一帆风顺,可惜柳永不擅长拍马屁。他曾写词进献给皇帝,皇帝不喜欢其中的几句,因此他并未得到升迁,一直到离世前也只做到了屯田员外郎一职,后人又称他为"柳屯田"。

从为官开始,柳永的生活便变得漂泊无定,所以后期的柳词中多了些孤冷和凄苦之意。柳永的一生因柳词而光彩熠熠,也因柳词而饱受非议。

晏殊也是当时著名的词人,少年得志。家中世世代代都有人考中进士,他本人也一度官至宰相。柳永曾拜见过晏殊,希望他可以提携自己,晏殊却用"针线闲伴伊坐"这句词来羞辱柳永。此句出自柳永年轻时的词作《定风波》,是柳词中俚词的代表作,写的是一个闺中少妇对丈夫的思念,以及对两人聚少离多的哀怨。这样的词作难登大雅之堂。

在古代的传统观念里,女子应当内敛,在爱情与夫妻生活中应承担那个被动的角色。但在柳永的词作中,女子可以大胆地表达感情,大胆地追求爱和幸福生活,有许多词作是站在女性的角度来抒发女性的诉求和感情。

在漫长的传统男权社会中,女人是男人的依附品。青楼歌伎更是男子调节生活情趣的玩物,当时的大多数男性都认为她们是卑贱的,并不尊重她们。只有柳永深深地与这些女子共情,甚至赞颂她们身上的美好品质。

尽管皇帝、晏殊,以及当时的士大夫们都不欣赏柳永的词作,但他并没有为了谋仕途而改变自己的文风与观念。人生处处是舞台,此处无人欣赏我,那我就在别处发挥自己的才能。柳永对一切都很少有过度的执着之心。正是因为这种松弛与通透,让他的一生都快活自在。

每个人的一生会遇到许多机遇与挑战,有的人可能会因为一次失利就困顿其中,终日郁郁寡欢,认为自己是最倒霉的人。而柳永在每一次命运的"捉弄"后仿佛都更上了一层楼。

其实,生活中许多糟糕的境遇都是因为我们过于消极的判断。比如高考失利了,就觉得这辈子都没有出路了;没有在应届时找到合适的职位,就认为不能再找到好工作了;三十岁还没成家,就认为后半生要完蛋了。这些都是我们加在自己身上的枷锁。

事实上,机遇远比我们想象得多,前提是我们不要过于执拗,要懂得转弯,这样才能不断遇到新的舞台和机遇。当你过分执着一件事时,不妨把自己对未来的糟糕预测和焦虑的事情先写下来,过一阵再翻开看看,可能就会豁然开朗了。很多事实证明,我们对未来的担忧有 80% 都不会发生。但如果我们长时间地执着于当下的境遇,甚至钻牛角尖,反而极有可能会影响后续的发展。世界上没有绝望的处境，只有对处境绝望的人。人生举步皆舞台，身为自己世界的主角，我们不妨乐观勇敢一点。

杜甫

忧国忧民，何用浮名伴此生

所付出每一次的努力
都有独特的意义

耒阳湘江上，形只影单的小船摇摇晃晃，连绵的乌云压低了昏暗的天空，雨滴打碎了江面，也打碎了杜甫最后的一点平静。小船里，杜甫一家已经断粮五天了。耒阳接连不断的大雨让他们不得不停靠在方田驿，耒阳县令听闻此事赶忙差人送来食物，他们一家这才得救。

杜甫出身于背景显赫的家世，年少时家境优渥。他自小就刻苦好学，七岁便能作诗。"读书破万卷，下笔如有神"，这是杜甫对自己少年时期的评价。后世人总觉得杜甫凄苦、忧愁，但他也曾是一位意气风发的少年。少年杜甫也很向往开元盛世的美好，向往东都洛阳的繁华，于是开启了自己的万里之行。

唐代的文人墨客都喜欢游历山川，以此作出优美的诗篇，并渴望这些诗作能让他们寻觅到赏识自己的贵人。李白的万里行挥霍了千金，而杜甫的万里行也因为有父亲的大力支持，足以时时与美酒佳肴相伴。

为了参加科举考试，杜甫结束游历，回到了自己的家乡。但是，十几岁就已小有名气的杜甫觉得科举考试并不是什么难事，并未花费太多精力准备。常言道"三十老明经，五十少进士"，科举中第其实是一件难度极高的事情。果不其然，杜甫的第一次科考以落榜告终，但他并没有因此沮丧，反而觉得自己还年轻，未来仍有无限机会。

尽管这次回老家杜甫没有金榜题名，但他趁此机会娶妻成亲，组建了自己的小家庭。结婚后，他仍会想起从前在洛阳的时光。洛阳虽比家乡繁华，但那些权贵道貌岸然的嘴脸、名利场上阳奉阴违的话语都让他觉得还是家乡更好。可好男儿志在四方，为了早日实现远大抱负，杜甫再一次踏上了奔赴前程的旅途。

约公元744年，三十多岁的杜甫依然在洛阳城中等待机会。而与此同时，唐代文坛的另一颗璀璨的明星已经冉冉升起。这颗明星就是李白，他此时已名传万里，可谓无人不知、无人不晓。杜甫也十分崇拜李白。这一年，他与同在洛阳的李白相遇，并讲述了许多自己在游历期间的见闻。闻一多先生曾评价这一幕说，他们的相遇是中国文学史上最激动人心的时刻，只有老子与孔子的相遇能与之媲美，仿佛太阳与月亮的相撞。他们二人都是极有风骨和个性的诗人，也在这次相遇后结下了深厚的友谊。

同一年秋天，李杜二人同游王屋山，想去拜访得道高人司马承祯。可惜他二人抵达时，司马承祯已经逝世。后来他们又相约北上，途中遇到了高适。三位文人雅集一处，便开始一同漫游。三人饮酒赋诗、怀古论今，成为文学史上的一段佳话。此次相聚分别后，杜甫时常回忆起这一段旅程。甚至到了晚年，他又作了一首诗来纪念这段美好的相遇。

次年，李杜重逢，同游齐鲁。深秋时节，杜甫西去长安，李白再游江东。分别之际，李白叹息道："飞蓬各自远，且尽手中杯。"至此一别，二人再未相见。李白一生交友无数，在他的诗篇中我们可以看到许多诗人的名字。但在杜甫心中，最怀念的似乎一直是那段与李白同游的岁月，也曾多次将李白写进诗中。

之后，科举落榜的杜甫仍在写干谒诗，渴望求得权贵的垂青，获得机会进入朝堂，可惜都石沉大海。公元747年，唐玄宗为了招揽天下才能贤士，下诏说只要有一艺之长者便可参加科考。杜甫也参加了这次考试，而且竭尽了全力，只可惜一众学子皆被李林甫的阴谋玩弄了。李林甫怕自己在朝中的权力被削弱，便上告皇帝"野无遗贤"，用计让此次参加考试的考生全部落榜。

年少时杜甫衣食无忧，如今频频受挫，且有了妻儿之后整个家庭的开销更大了，经济负担一下子加重了。

杜甫一边谋生，一边继续创作诗。年轻时的杜甫有很多豪迈激情之作，但随着岁月的磨砺，且眼看着唐朝的盛世逐渐衰落，底层百姓生活得十分凄苦，步入中年的他更愿意用笔去记录真实的百姓生活。杜甫的这些诗作因能反映当时的历史现状而被后人称为"诗史"。

尽管杜甫没有像李白那样早早就在文坛中大放异彩，但他的诗作也慢慢开始有了一些影响力。据载，皇帝某次祭祀前，杜甫献赋三首。皇帝看了十分满意，想给他个一官半职。但仅凭几首诗作就封一个官，未免过于草率，于是皇帝邀朝中官员共同在殿前设题，要考一考杜甫。虽然杜甫最终还是没有获得官职，但获得了"参列选序"的资格。这件事也让许多人知道了杜甫的名字，是他引以为傲的一段经历。

杜甫在长安无房无地，在等待朝廷给他分配官职期间，他一连在旅馆住了几个月。没有了父亲的经济支持，自己也一直没有收入，杜甫的衣食住行都大不如前。心中焦虑，再加上天气恶劣，杜甫在旅馆中一病就是几个月。杜甫儿时就患过重病，此次又久病未愈，对他的身体是一次不小的打击。

寒冬腊月，旅馆的硬床板上只有单薄的薄被，杜甫囊中羞涩，只好给自己的好友写信求助。

其实杜甫可以回到家乡与自己的妻儿团圆，做一些营生，过幸福踏实的生活。但杜甫的心思并没有落在自己的小家上，他胸中有丘壑，始终牵挂着家国和百姓，想入朝为官来帮助百姓。唐朝后期，征战日渐频繁，四处烽火连天。杜甫用一首《兵车行》写尽了当时百姓的痛苦和对战争的痛恨。

战火连绵数日，长安物价飞涨。杜甫此时连长安城内的房租都无法负担，朋友于是帮他在长安南郊少陵塬安排了一处居所，他也戏谑地称自己是"少陵野老，杜陵布衣"。

之后，杜甫把家人也接来了长安，一家人终于团圆了。可惜安稳的日子没过多久，长安竟接连下了两个月的雨，物价连翻数倍。杜甫家中穷困不堪，孩子们更是常常因饥饿而啼哭不已。杜甫忧愁，但实在无计可施，只能让妻子将家中的房门紧闭，他害怕孩子看到别的人家吃饭，更加煎熬难耐。辗转反侧几天后，杜甫决定将妻儿送往奉先投靠亲戚。尽管不舍得与亲人分离，但他更不忍妻儿跟着自己受苦。

家徒四壁的屋里只剩下杜甫一人，只有月亮与他做伴。未来究竟会怎样？前途又在哪里？何时才能再与家人团聚？食不果腹、衣不蔽体的杜甫早已没了精力思考这些，他只盼望着朝廷还能记得他的名字，给他分一官半职。

公元 755 年，杜甫终于在四十四岁时迎来了自己的第一个官职——河西尉。可惜等待他的并不是为百姓效力造福，而是官场中的迎来送往和诸多毫无意义的应酬。这背离了杜甫的本心与追求，于是他毅然决然地拒绝了这个职务。按照当时的规定可以调换职务，于是杜甫换了一个职务。

到任不久后，杜甫觉得自己既然已经安定下来，应当回家看看妻儿。但当他踏进家门后看到的只有暗自流泪的妻子。原来，自己的小儿子被饿死了。

这一刻，杜甫内心的豪情壮志瞬间崩塌。造化弄人，命运弄人，时势也弄人。看着伤心不已的妻子，想到痛苦流离的百姓，以及壮志难酬的自己，杜甫只得提笔写诗来抒发内心的苦闷。

> 老妻寄异县，十口隔风雪。
> 谁能久不顾，庶往共饥渴。
> 入门闻号咷，幼子饿已卒。
> 吾宁舍一哀，里巷亦呜咽。
> 所愧为人父，无食致夭折。
> ……

在诗中，杜甫将归家途中的见闻、底层百姓的困苦生活描绘得细致入微，更将自己怀才不遇的悲痛融于字里行间。

此后，杜甫觉得现在的一切都已大不同从前，消失的不仅是自己那鲜衣怒马的少年时光，还有从前的开元盛世。杜甫已经记不清是从哪天开始，旅途中的清脆鸟鸣都变成了百姓在战乱中的哀声。而自己的诗作也从"读书破万卷，下笔如有神"的自信，变成了"朱门酒肉臭，路有冻死骨"的悲哀。

盛世不再，饥荒连连，一切早有预兆。不久后，安史之乱爆发了。短短一个月时间，洛阳沦陷，叛军逐渐逼向长安，潼关失守。杜甫带着一家人投奔了住在白水的亲戚。此时他已人过中年，不仅没有等到朝堂中让自己施展抱负的位置，还要拖家带口投奔亲戚，连一处安身的居所都没有。

安史之乱结束后，杜甫已经五十多岁了。时运不济，命途多舛，世人大多爱用这两句话来评价杜甫的一生。人们时常慨叹，流芳百世的诗圣为何一生都过得如此艰苦？

尽管杜甫没有享受到太多时代的红利和命运的垂青，但他的每一次努力、每一段颠沛流离的经历都为他的诗歌创作提供了宝贵的"财富"。如果杜甫的一生都处于太平盛世，且他官运亨通，或许中国的文坛就不会出现"诗圣"，更不会有那么多描绘历史的诗带我们了解大唐最真实的模样。杜甫的才华和他的诗作为中国文坛带来的巨大贡献是毋庸置疑的。

人这一生的成功，"天时""地利""人和"，三者缺一不可。很多时候，我们总会将人生的失败、自己的不如意都归咎于自己。"是我不够努力，还是不够聪明？"其实很多时候我们只是不够幸运。努力是成功所需的重要条件之一，但努力与成功并没有绝对的关联，环境、机遇、天赋等我们无法做主的东西，也是决定我们能否成功的重要因素。

在面对某次考试或某项工作时，我们可能感觉自己付出了很多，结果却没有达到自己的预期，或者远不如他人，因而感到沮丧，甚至是愤恨抱怨。但是我们不应当为此否认努力的作用，适当的努力除了可以提高我们成功的概率，还对我们的身心健康有积极的作用。

据一项心理学研究，人在过去经历的事情越多且越具有挑战性，那么回忆过去时的幸福感也就会越强，并能更有效地激发当下的自我能动性。所以，我们遇到的每一次挑战、为之付出的每一分心血，都有它存在的意义。我们无须用绝对、刻板的成功来衡量自己的努力是否有意义，努力本身就意义非凡。

坚定的信念
可以帮助对抗痛苦

公元 756 年，潼关兵败，白水也开始沦陷。带着妻儿安顿下来没多久的杜甫又拖家带口地开始逃难。

战火猛烈，加上天气恶劣，一路上十分难行。别说让一家人吃饱肚子了，有时一整日都吃不上一点东西，食不果腹、饥肠辘辘成了杜甫一家人生活的常态。

杜甫拖家带口投奔了好友孙宰，孙宰热情地招待了他们。也正是因为有孙宰的及时救助，杜甫一家才得以吃上了饱饭，有了一个安稳的住处，但让杜甫最心痛的是战乱中的百姓。

唐玄宗逃离长安后，唐肃宗称帝。杜甫听说新帝登位，决定北上去投奔新皇帝。在如此战火中，大家都纷纷躲到了隐蔽、安稳的地方，杜甫没有顾及那么多，没有任何困难能阻挡他为国效力。就这样，杜甫踏上了北上的旅途，在路途中被叛军抓走。

好在叛军的精力都在朝中重臣身上，没有什么心思管名不见经传的杜甫。这一刻，杜甫庆幸自己只是一个无名小辈。在被俘的这段日子里，杜甫想了很多。傲气的少年已经逐渐年迈，辉煌的唐朝如今战火连天。这样的春日里本应该春和景明，百姓安居乐业。可如今，不仅几个月收不到妻子的一点音讯，自己还成了叛军的俘虏。

> 国破山河在，城春草木深。
> 感时花溅泪，恨别鸟惊心。
> 烽火连三月，家书抵万金。
> 白头搔更短，浑欲不胜簪。

处于安史之乱中的大唐混乱不堪，如前文所述，李白误入了叛军，王维被迫加入安禄山的伪政府。只有杜甫在叛军疏于防范之时顺利逃出，经过一路的波折，终于从长安来到了凤翔。

据说杜甫赶到凤翔之时已经许久没有吃东西了，并且穿着一身破烂的衣服，手肘都露出来了。他便是以这样的模样出现在新帝面前，毅然决然地向唐肃宗表达着自己的爱国理想。

肃宗见此情状很是感动，封杜甫为左拾遗。尽管这只是一个小官，杜甫还是十分欣喜。终于可以为国效力了，他在自己的岗位上兢兢业业。左拾遗属于谏官，主要是对国家政策、决策中的失误或遗漏提出批评或建议。杜甫为官的时间很短，他不懂也不屑阿谀奉承那一套，觉得皇帝有什么问题从来都是直接指出。

房琯是唐玄宗的宰相。如今唐玄宗虽远在成都，但仍能发号施令。因此唐肃宗对房琯有所忌惮，不想重用他，后来还借口说房琯在前线指挥失误，要贬逐他。杜甫极不赞同皇帝的这一行为，便上疏为房琯鸣冤叫屈，认为处罚太重。

唐肃宗大怒，要革职查办杜甫。其他官员为他求情，杜甫才保住了自己的乌纱帽。但同时唐肃宗也命令杜甫必须归家探亲，虽然没有被革职，但实则已被遣归。

杜甫终于要回家了，只是为官一场，他依然没有一身好衣服，更没有一匹能带他回家的好马。来时捉襟见肘，去时两袖清风。此时，四十多岁的杜甫双鬓已生出了白发。总以为明天会更好，总以为机会能到来，期盼着，企盼着，半生已不见了。

> 回首凤翔县，旌旗晚明灭。
> 前登寒山重，屡得饮马窟。
> 邠郊入地底，泾水中荡潏。
> 猛虎立我前，苍崖吼时裂。
> 菊垂今秋花，石戴古车辙。
> 青云动高兴，幽事亦可悦。
> ……

杜甫的这首《北征》共有一百四十句，是他从凤翔回家途中所作。尽管回到家中与妻子团聚，尽管被遣归了，他仍然心系朝政。他以回家途中和回家后的亲身见闻作诗，在诗中描绘了安史之乱时民生凋敝、国家混乱的情景，也表达了自己对时事的见解。

安史之乱暂时平息后，唐玄宗和唐肃宗都返回了帝都。回朝后，唐玄宗提拔群臣，杜甫也在列。此时的杜甫终于过上了较为安定且衣食不缺的生活。

公元758年，杜甫被贬去华州当司空参军。正值炎炎酷暑，杜甫办公之地条件艰苦，再加上事务繁杂，杜甫一直感觉身体十分不适。战乱虽已逐渐平息，但安史之乱还没有完全结束。杜甫向朝廷提出了许多建议，希望能够帮助尽快平定叛乱，但都未得到回复与采纳。

后来，杜甫离开华州，到洛阳探亲。可惜天不遂人愿，还没安稳几天，洛阳又陷入了动乱，杜甫只能抓紧又返回华州。

杜甫的一生有一大半的时间都在逃难，属实让人唏嘘不已。在杜甫从洛阳赶回华州的途中，所经之处哀鸿遍野、民不聊生。在由新安县西行的途中，杜甫曾投宿于石壕村，遇到了吏卒深夜抓人、强行征兵的暴行。

在差役凶狠的叫喊声中，家中老翁越墙逃走，老妇出门应付。杜甫听到老妇上前说道："我的三个儿子都去参加邺城之战了。其中一个儿子捎信回来说另外两个兄弟刚刚战死了。我家里再也没有其他男人了，只有一个正在吃奶的小孙子。因为有小孙子在，他的母亲还没有离去，但连一件完好的衣裳都没有。我虽然年老力衰，但请允许我跟你连夜赶回军营去，到河阳去应征，为部队准备餐食。"

后来，说话的声音逐渐消失，杜甫隐隐约约听到低微的哭泣声。天亮后，杜甫只能与返回家中的老翁一人告别，然后继续赶路。

这个令人痛心的故事并非夸张杜撰，杜甫在《石壕吏》一诗中记录了此事。

唐朝的诗人大多会在诗中描绘大唐盛世的繁华，而杜甫在诗中却描绘了唐朝的另一面，也是历朝历代都存在的一面。在外漂泊多年，正式当官的时间仅有两年多，而且官职都形同虚设，杜甫感到累了。他无法改变眼前的一切，无法为百姓造福，于是，他辞去了官职，携家带口去秦州投奔了亲友。

初到秦州时，杜甫以采药、卖药为生，天气不好时就在家读书作诗。夜里，看到妻子在烛光里给衣裳缝补丁，哄孩子入睡，他觉得这样的时光甚是幸福满足。一家几口人的生活都依靠杜甫采药、卖药挣的钱维持，可每逢阴雨连绵时，他无法出门采药，寒冬时节更是无药可采，一家人的生计又成了问题。

大雪纷飞的天气，家中的床上只有单薄的被子。一家人蜷缩在一起，每到夜里都会被冻醒，很久没法睡个好觉。天气很冷，水缸中的水都结成了冰。杜甫看着自己的钱袋，只剩下最后一文钱，无奈地调侃道："囊空恐羞涩，留得一钱看。"杜甫觉得，剩下的一文钱，让自己和荷包都没有那么尴尬。

尽管命运对杜甫十分不公，但是他始终坚强乐观。他对自己的生活，对效力家国的理想，从没有产生过放弃的念头。

调侃过后，日子还要继续。无奈之下，杜甫只得向好友们求助。

杜甫一家虽然过得清贫，但也还算安稳。妻儿睡去，冷冷的月光透过残破的窗户照进来，杜甫看着窗外残枯的树木，仿佛风中都有金戈铁马的血腥气味。安史之乱还未平息，他的弟弟还处于战乱之中。

"露从今夜白，月是故乡明。"杜甫这一吟，让无数漂泊游子潸然泪下。

杜甫在秦州的三个月时间里作了一百多首诗。后来有一位同台的友人（杜甫称其为"佳主人"）写信邀请杜甫去同谷县，说要热情款待他，还说那里的生活更好，杜甫去了之后就不会再过这般饥寒交迫的日子了。

于是，杜甫带着家人满怀希望地赶到了同谷县，却没有等来佳主人的热情迎接。后人对佳主人争议很多，很多人质疑是否真有此人，也有学者推测佳主人可能是同古县令，由于秦州到同谷路途遥远，那人可能因战乱而被调离了。总之，这个佳主人的邀请让杜甫迎来了一生中最难熬、最窘迫的日子。

杜甫一家来到同谷后，日子比从前更差了。他始终没有见到邀请他到同谷的佳主人，生活一度到了绝境，最终只能带着家人离开这里去了成都。因唐玄宗去避难居住过一段时间，那时的成都也还算繁华，且成都府尹裴冕在杜甫为官时和他有过交集，算是旧相识。因此杜甫一路辗转，带着家人来到了成都。

在严武几个朋友的帮助下，杜甫建成了杜甫草堂，而杜甫草堂也成了如今坐落于成都浣花溪旁的著名旅游胜地。草堂并不豪华，甚至有些简陋，但是里面的花草树木都经过了杜甫一家的悉心种植和呵护。几位好友时常照拂杜甫的生活，所以杜甫在成都过得还算舒心安稳。远离了高堂，杜甫心中少了几分忧虑与惆怅。尽管他仍然心系百姓与家国，但此时的他也懂得了珍惜自己眼前的生活。

好雨知时节，当春乃发生。
随风潜入夜，润物细无声。

看到春夜的细雨滋润万物，杜甫十分欣喜。从前那么多个雨夜，他都在颠沛流离中度过，此时此刻，他终于可以认真听听春雨滴落的声音了。

这一阶段的杜甫留下了许多与他以往风格大不相同的作品。"两个黄鹂鸣翠柳，一行白鹭上青天。""留连戏蝶时时舞，自在娇莺恰恰啼。"这些明媚活泼的诗作同样成了流传至今的千古名句。显然，杜甫在诗歌创作方面的造诣并不只是体现在写"诗史"上。

尽管已是闲散人士，但杜甫还是时常想起尚未完全平息的安史之乱。很多人考科举、想入朝做官，是为了自己的理想与抱负，但杜甫从始至终想的是家国安定、百姓幸福，这就是他的理想。

几年后，严武出任成都尹。他与杜甫不仅是好友，二人祖上也有着深厚的交情。严武经常给杜甫送食物，杜甫的生活状况也因此得到了改善。杜甫也经常给严武分享工作经验，这段时间里，杜甫的身心都得到了很好的关怀。

不久后，严武官职变动，离开了成都。之后，担任剑南东西两川节度使的严武，向朝廷举荐了杜甫。杜甫被封为检校工部员外郎，后人也因此称他为杜工部。担任检校工部员外郎时，皇帝许他着绯袍，佩银鱼袋。这本是四五品官员才可的服佩，但官居六品也能得此殊荣，杜甫感到无比自豪。

但这殊荣却让朝中许多人心生嫉妒。官场复杂，杜甫觉得与其这样遭人排挤和嫉妒，不如辞官算了，于是上书称病，退去了官职。

自此之后，杜甫迎来了后半生最平稳、最安定的一段时光。但常年的漂泊和年幼时落下的病根让杜甫深觉身体一日不如一日，而一直帮助他的严武突然去世，杜甫在成都没了依靠，决定去蜀还乡。

"即从巴峡穿巫峡，便下襄阳向洛阳。"杜甫最初的想法是先到江陵然后走陆路北上襄阳，再回洛阳老家。一路上，杜甫望着山川江水，想起了从前和自己同游的李白、高适。他们都已经长辞于世，自己也只是"天地一沙鸥"，又有什么可留给时间的呢？

杜甫在归家的旅程中留下了许多诗作，多是伤感与悲凉之作。友人大多已离世，他十分寂寥。次年，由于身体状况太差，杜甫一家在夔州停留，受到了地方官柏茂林的援助，还有了自己的田地，生活还算过得去。

此时，安史之乱结束虽已有四年，但地方军阀又趁势而起。再加上杜甫已经年迈，还患上了消渴症。重阳佳节，他独自登上夔州白帝城外的高台，回想起往昔，简直感慨万千。

两年后，杜甫离开夔州，继续踏上回乡的旅程。到了潭州，他与年少时曾在岐王府结识的宫廷乐师李龟年重逢。此时的李龟年以卖唱为生，最爱吟唱的两首歌曲都是王维的作品。但是，本该杨柳依依的潭州也兵乱四起了，杜甫不得不拖家带口，又一次仓皇而逃。

就这样，杜甫一家乘坐小船漂泊在湘江上。在连绵的雨夜里，船只消失在了江面的尽头。而船内的杜甫，再也没有提笔控诉战乱为百姓带来的万般痛苦。公元 770 年的冬天，杜甫在船上病逝，隐退在了大唐画卷的夜幕中。

无论是中国的文坛还是中国的历史，都有专属于杜甫的位置。他细腻敏感的性格和容易感伤的个性就像是每一个普通人脆弱一面的缩影。他的经历比许多人都凄惨，但他几乎从没有过放弃的念头，只因他对自己的理想始终抱有坚定不移的信念。

心理学上有一个著名的定律叫自我实现预言，又称"皮格马利翁效应"，指的是事件一开始时是一个虚假的情境定义，但它引发了新的行动，从而使原有虚假的东西变成了真实的。反过来说，原来真实的东西也有可能变成虚假的，即会"自我失败"。也就是说，我们一开始预期什么，结果可能会受这个预期的影响而成真。因为人一旦形成了某种期待，就会把它当成信念，从而朝着这个方向去准备或努力。

耶鲁大学心理学教授罗伯特·阿伯森也认为，信念是一种动力，强烈的信念就是更有价值的动力，能让一个人不懈地努力，达成与大众或个人有关的目标、计划、心愿或理想。

内在的信念能给我们强大的动力和能量，并且一旦形成便很难改变或消失。尽管有时我们预期的某件事是极难实现的，但如果有坚定的信念，我们总能坚持下去。无论是一生为家国人民的安定幸福而努力的杜甫，还是为了去西天取得真经而饱受磨难的唐三藏，抑或双耳失聪后仍然刻苦钻研音乐的贝多芬，他们都是具有强大信念的人。他们经历了很多常人不可承载的痛苦，却仍然能够坚持下去，仍然能够满怀信心的勇敢前行，正是信念赋予了他们强大的内驱力。普通人同样可以在生活中变得坚不可摧，只要找到自己的热爱与想要坚持下去的事情，并赋予其坚定不移的信念。

那要如何强化信念感呢？可以将其写在日记中，或者是勇敢地告诉身边的人。当一个人的内在想法不断地受到外界因素的加强和鼓励时，可能会被激发出更大的潜能。

境随心造，外在的一切境遇皆是我们内在心境的呈现。身处困境时，不妨将其视为增强信念的契机。当我们的信念不断增强，获取源源不断的力量后，那些外在的困难在我们眼中逐渐变小。

孟浩然

恣意任性，
山水田园几经转

不同的选择
有不同的命运

孟浩然出生于襄阳的一个书香之家，年幼时便聪颖好学，通读儒家经典。与大唐的千千万万个少年一样，他从小的目标也是考科举、走仕途。孟浩然十几岁时就满怀信心地参加了襄阳的县试，不出大家所料，他成为县试榜首。

当时，唐朝刚刚走出了一段阴霾的岁月。武则天被逼退位，唐中宗即位。但唐中宗无能，武三思和韦皇后等人想尽办法刁难栽赃张柬之等一众复国元勋，张柬之的处境十分艰难，只能称疾，回到家乡襄州做了刺史，远离朝堂争斗。

张柬之回到家乡后，看到家乡人才辈出，不由得心生喜悦，便在家中宴请这一批乡试成绩优异的学子。孟浩然早已听闻张柬之匡复朝政的威名，对其崇拜有加，满怀着欣喜和自豪之情参加了这次宴会。没想到宴会结束才几天，张柬之被流放的消息就在襄阳城中传开，后来他又在流放岭南的途中去世。张柬之客死他乡的消息让当时的每一位爱国人士感到痛心。本是一腔热血想要为国尽忠的孟浩然如今也不再想加入这样黑暗龌龊的朝廷了。

一个大胆的念头在孟浩然心中油然而生。他想罢考！于是直接放弃后续的府试。尽管身边的人都对张柬之的死讯愤慨不已，但也无法理解孟浩然如此任性的行为。孟浩然的父亲更是勃然大怒。也因为这一次罢考，孟浩然和家中的关系变得十分紧张。但他没有丝毫的后悔。对孟浩然来说，为自己不认可的人效力，不如要他的命。

此次罢考让众人都知晓了孟浩然的名字，罢考一事也成了那一段时间里襄阳人民茶余饭后的谈资。有人称赞他文不为仕、淡泊名利，也有人说他恃才傲物、沽名钓誉。但这一切，孟浩然都只一笑了之。

没有继续参加科考的孟浩然每天都饮酒作诗，与友人在襄阳城中闲逛寻乐。一天，纷纷相传城中来了一个有名的歌女，说她不仅容貌倾国倾城，歌声也曼妙动听。众人纷纷前去围观，孟浩然也被朋友拉去凑热闹。

穿过嘈杂的人群，只见一位容貌气质极佳的女子轻轻地弹奏着怀中的琵琶。悠悠的歌声配上这清脆的琵琶音，往来之人无不为之称赞而驻足停留。

这位女子名叫韩襄客，后来，孟浩然与她相识并逐渐熟络起来。孟浩然把她当作红颜知己，经常将自己的心事说与她听，且时常约她出游。据载，在韩襄客回郢州老家之前，孟浩然和她表明了自己的心意。韩襄客深知自己歌伎的身份无法和孟浩然的书香门第相匹配，便默默离开了。回到老家后，她拒绝了许多上门提亲的有钱人家，虽然不知能否和孟浩然再相见，但她还是心存一丝幻想。

而独在襄阳的孟浩然也对韩襄客思念至极。他没有告诉家人便直奔韩襄客的老家上门提亲，还恳求私塾里的老师隐瞒韩襄客的身份，帮自己和父母说媒。孟浩然的父母觉得儿子也到了成婚的年纪，便答应了这门亲事。

二人终于迎来了幸福的曙光，准备成亲。但造化弄人，在二人成亲前，孟浩然的父母得知了韩襄客的身份，不允许她进门。尽管孟浩然苦苦哀求，父母还是坚决不同意。

孟浩然一气之下便离家出走，去了韩襄客的郢州老家，与她私自成婚，过起了二人的小日子。几年时光稍纵即逝，韩襄客已有身孕在怀。尽管二人早已生活在一起，但毕竟不是明媒正娶，不免落人口舌。孟浩然不想自己的妻子心有委屈，便回家将其怀有身孕的事情告诉了父母。他觉得父母或许能看在孩子的分上，心软同意二人之事。

可是孟浩然的父母听闻此事后只觉蒙羞，对孟浩然大发雷霆。一面是心爱的妻子，一面是尊敬的父母，孟浩然一时之间不知该何去何从。

后来父亲去世了，孟浩然回到鹿门山中为父亲守孝，并与好友张子容一同隐居在了山中。每天听着暮鼓晨钟，看着天边云卷云舒，这位二十多岁的年轻人在山中认真思考着人生。但没过多久，张子容离开了这里。

鹿门山的隐居生活虽然愉快，但孟浩然心中仍有着为官入仕、安邦济国的念头。某个夜晚，他毅然决定离开鹿门山，去干谒名流公卿，为自己奔一个好前程，于是踏上了远行的旅程。之后的几年里，孟浩然四处游历，广交朋友，干谒名流。一天，他游历到了洞庭湖。

雨后的洞庭水天一色，烟波浩渺，白茫茫一片与天际交相辉映。孟浩然伫立在湖边，望着浩浩汤汤的湖水，联想到自己如今的处境如同眼前的景色一般，想要前行却迷茫找不到方向，想要入仕却无人引荐，于是有感而发写下了《望洞庭湖赠张丞相》一诗。

八月湖水平，涵虚混太清。
气蒸云梦泽，波撼岳阳城。
欲济无舟楫，端居耻圣明。

坐观垂钓者，空有羡鱼情。

　　这首诗可以说是干谒诗中的代表作。其中最后一句化用《淮南子·说林训》中"临渊羡鱼，不如退而结网"，将孟浩然想要得到引荐之心表达得淋漓尽致。后世许多名家都对这首诗给出了极高的评价。此诗一出，很快就在文坛传开，孟浩然希望借此得到举荐，却久久得不到回音。

　　于是，孟浩然便继续游历名山大川，渴望遇到能为自己引荐的伯乐，但始终未果。无奈之下，他只好回到故里涧南园。回到家乡之后，孟浩然靠着果园和菜园的收成维持着生活，并继续等待入仕的机会。

　　经过如此多的波折后，孟浩然明白了"鱼与熊掌不可兼得"的道理。在自由与功名之间，他还是无法放弃功名，于是决定再次游历，拜访权贵名仕。随后，孟浩然游于维扬（今扬州）一带，李白听闻后还特地前去拜访。尽管当时的孟浩然没有一官半职，但诗名早已盛传在外，而李白那时还只是一个初出茅庐的少年。

　　二人相见后，十分投机，李白爱孟浩然的诗作，更爱孟浩然的性格。李白认为孟浩然身上有热爱田园山水的高洁，也有任性罢考的洒脱，更有想要实现抱负的豪情壮志。他们二人同游名山圣水，畅谈心中理想。李白还为孟浩然写过五首诗,每一首都广为流传。

尽管孟浩然热爱山水田园,喜欢与友人举杯畅饮,但酒醉清醒之后还得面对现实。十几岁时他还能靠丰厚的家底随心所欲地做自己想做的事情,但他如今三十多岁了,父亲已经不在,家产也被自己花得所剩无几了,他必须尽快谋得一官半职来维持家里的生活。

公元 728 年,孟浩然奔赴长安参加科举考试,可惜落榜了。此时距离他写诗拜谒已经过去了十余年。这些年里求途无门,每一次碰壁都让他想起自己从前的任性,任性地罢考,任性地与韩襄客私婚,又任性地隐居鹿门山。如果重来一次,一切会不会变得不同?他没有给自己答案,或许也不想给自己答案。

不同的选择走向不同的命运,孟浩然如此,我们亦是如此。其实,除了不能选择自己的出身,我们的现状和处境都是经过不断地选择所导致的结果。在面对人生中的各种选择时,我们应该考虑的是自己能承受什么样的结果。

没有任何一种选择可以满足我们所有的期待,面对选择时我们应该有这样的认知和心理建设。除此之外,我们还要充分了解自己和自己的需求,这样在选择时才不会盲目跟风,盲目地听从别人的建议。毕竟最好的选择并不一定是最多人选的选项,而是最适合自己的选项。

每一个选择都有一定的风险，我们要时常提醒自己理性地分析而不是冲动行事。经过理性地分析后，就算最后的结果不尽如人意，我们也不必再为之烦恼和懊悔。除了会让我们变得焦虑和沮丧，后悔没有任何用处。很多人都可能会因为一次或几次选择失误就觉得自己失败了，但在每个人的一生中都或多或少做过不称心的选择，它与我们的个人价值无关。

最后，我们要尽量避免没有选择余地的选择，也就是所谓的"霍布森选择效应"。据传，1631年，英国剑桥一个名为霍布森的商人贩马时把马匹全部放出来供顾客挑选，但又只许人挑最靠近门边的那匹马。后人将这种只有一个方案，没有选择余地的情况称为霍布森选择效应。

由于我们的思维定式和惯性思维，生活中很容易出现霍布森选择效应。比如吃饭时选择人最多的餐厅，找工作时习惯性地选择和上一份工作内容相同的职位，在面临人生的重大事情时，只在自己脑海中认为"对"的区域中进行选择。这一切可能会让我们生活中的选择范围越缩越小，最后局限在自己的思维舒适区。人对未知都有恐惧，更习惯在他人或自己选择过的区域再次选择，但这可能会让我们无法遵从内心真正的声音。

尽管有些任性，但孟浩然是勇敢的，他敢于选择未知的境遇。在他的世界里,考虑得更多的是"我想怎么样",而不是"我该怎么样"。这样的想法可以在很大程度上减少内在的自己与外界的对立冲突,从而避免了很多情绪问题。也许孟浩然的行为并不符合外界"正确的标准",却最大限度地满足了他自己当时的内心需求。而过分压抑自己的内心是许多情绪问题的根源。

不加克制的人生是否真的幸福

虽然《望洞庭湖赠张丞相》一诗中的张丞相到底是谁现代学者们众说纷纭,但据考证,是张说的可能性更大。虽然孟浩然当时未能求得机会,但这首诗流传甚广,张说也确实欣赏孟浩然的才华,因此他在回到京城任职后举办的一场连词诗会上,不但邀请了各路文人名士与朝中权贵,也邀请了尚为布衣的孟浩然。

在这次宴会上,孟浩然用一句"微云淡河汉,疏雨滴梧桐"惊艳四座,无人敢接其后。这一句诗后来更是轰动了全京城的文人墨客,当时无人不知孟浩然才思了得。孟浩然因此得到了张说的举荐,以为自己终于迎来了出头之日。可万万没想到,还是因为一句诗,孟浩然彻底离开了长安。

据传,在张说的举荐下,孟浩然得以面见唐玄宗。玄宗让孟浩然吟诵他所作的诗词,只听他吟诵道:"北阙休上书,南山归敝庐。不才明主弃,多病故人疏……"当唐玄宗听到"不才明主弃"时,顿感不悦,并呵斥道:"卿不求朕,岂朕弃卿?"就这样,这首《岁暮归南山》彻底断送了本已为孟浩然铺好的仕途之路。

此后,孟浩然对未来的憧憬期待、万千壮志都荡然无存。他不知未来该何去何从,只知自己无颜再留在长安。

次年,孟浩然作别长安,开始漫游吴越,寄情于山水之间。此次游历,孟浩然的心境比起之前带着"拜谒名流"的意图上路时要轻松了许多。这一次他真正地将身心交于山水之间,去洞察自然万物给自己的启发。

孟浩然始终眷恋、热爱着山水田园,且历经世事后,他更明白自己的内心到底向往什么。回到涧南园后,简单闲适的田园生活让他感到幸福,但是家境毕竟大不如前,家人只能跟着自己粗茶淡饭,还要辛苦劳作,他的心里也不是滋味。岁至中年的孟浩然还是希望自己能光耀门楣,也希望通过努力让家人的生活过得更加宽裕幸福。

于是,几年后,孟浩然再度去长安求仕,可惜在长安逗留许久都没有丝毫的进展。且长安的天气变化无常，孟浩然病倒在了客栈。好友王维多次前来看望，也写诗宽慰过他。生病的日子让孟浩然思索了很多，半生年华已不在，未来究竟要何去何从？

看着漫天的乌云逐渐散去，孟浩然决定还给自己一片自由的晴空，不再执着于求得官职，就此回去过自由闲适的隐居生活。回到襄阳的孟浩然开始耕作务农，也时常与二三好友饮酒赋诗。尽管现在的生活相对清贫，甚至喝酒还要赊账，但他依然乐在其中。偶尔去老朋友的农家做客，只见村落翠树环绕，村民热情淳朴，大家坐在一起闲话家常，孟浩然写诗记录了这样的美好时光：

> 故人具鸡黍，邀我至田家。
> 绿树村边合，青山郭外斜。
> 开轩面场圃，把酒话桑麻。
> 待到重阳日，还来就菊花。

一日，孟浩然正在家中与好友饮酒畅聊，听到有人急叩家门，原来是韩朝宗差人来催他赴京任职。韩朝宗时任襄州刺史，十分欣赏孟浩然，借可以举荐贤能者入朝为官的机会举荐了孟浩然，没想到孟浩然迟迟没有到任。但是，被催促的孟浩然非但没有动身，反而打发走了小吏，说自己正在喝酒，没空前去。

多少人梦寐以求的做官机会就这样被孟浩然打发了。后来，做荆州长史的张九龄知晓孟浩然的才华，招他做自己的幕僚，孟浩然这才开始了自己生平的第一份工作。到任之初，他时常陪张九龄寻访各处、游历山寺。但荆州一直太平祥和，孟浩然的工作也十分清闲，他时常觉得自己无事可做，身体也不适，便返回了老家。

回家不久后，孟浩然患上了背疽，养病多日，终于有所好转。好友王昌龄前来看望，他开心不已，热情地招待了王昌龄。饭桌上，孟浩然看到许久未吃的鱼鲜，心痒难耐。王昌龄反复劝他，背疽一定要忌口，绝不可以进食鱼鲜，孟浩然还是全然不顾，大快朵颐。王昌龄走后，孟浩然的病情加剧，不久就病逝家中。山水田园之间就这样少了一位愿意吟咏它的诗人。

有人说，孟浩然的一生是自由的，他的洒脱任性令人羡慕。尽管大唐的官场上没有留下孟浩然的身影，但这位布衣诗人优秀的诗作让他成为山水田园诗人的典范。纵观中国几千年历史，有人隐居只是一种选择，有人隐居是一种无奈之举。孟浩然处于两者之间，他喜好山水田园是真的，渴望功名利禄也是真的。好在回归山水田园后，他又寻觅到了生活的自在与幸福。

尽管每一次的任性都让孟浩然离高官厚禄越来越远,但他似乎从不后悔自己的选择。他享受任性自由带来的快乐,也接受了后来的艰难。渴望自由,渴望过上随意潇洒的人生是人的本性。那么,不加克制、任性而为的生活是否真的幸福呢?这个问题或许没有唯一的答案。如果我们能承担任性之后的后果,那随心所欲的生活的确可以让我们感到快乐。比如做一份清闲的工作,但也接受较低的收入,或者放肆吃喝,享受了口腹之欲,同时不为身材而焦虑。只要我们的内心能与我们的行为所致的结果相调和,或许无论怎么做都可以感到幸福。

现代人时常感到纠结和焦虑,比如,自己明明很想休息,却又不敢休息。这可能是因为我们在成长的过程中被灌输了太多"只有成功才能获得认可"的观念。这种单一且绝对的价值观很容易让我们缺乏对自我价值的认同。久而久之,我们就会觉得自己没有能力,也没有智慧和魅力,无法达到社会或家庭的期望,从而产生自卑和焦虑的情绪。

与之相反,当下各种社交平台上充斥着"一定要学会爱自己""一定要对自己好一点""勇敢的人先享受世界"等倡导我们及时享乐的话语,让越来越多的年轻人为了躲避生活的压力和焦虑而选择裸辞、冲动消费等过于极端的放纵行为，来让自己获得短暂的快乐和幸福感。

但是，我们不应该让外界任何一种绝对的、单一的价值观来主导自己的生活与思想，而要真正了解自己内心的想法，以及对自己未来的预期与思考，去决定自己的行为和生活方式。

或许，裸辞、为了宣泄压力的冲动消费、不加克制的放纵快乐等可以让我们暂时忘却眼下的烦恼，但这样不考虑后果的行为可能会让我们后续的生活变得更加糟糕，让我们完全丧失掉斗志与积极性。

感觉疲惫、烦闷时，我们可以适当地放慢脚步，停下来休息片刻，然后再整装出发。过于紧绷的努力和毫无克制的放纵都不利于我们的身心健康。将中庸之道放于心中，张弛有度地前行，生活和情绪都富有弹性，我们才会平和快乐。